慰藉之书

抚慰人心的52个关键词

[英]大卫·惠特 著

柒线 译

上海社会科学院出版社
SHANGHAI ACADEMY OF SOCIAL SCIENCES PRESS

献给词语，

及其背后隐藏的美丽，

与让人心动的不确定性。

致中国读者

作家最奇妙的体验之一，就是那些原本只属于自己的深刻而孤独的隐秘时刻，被语言捕获后去到世界遥远的角落，和完全陌生的人相遇，甚至走进他们心灵的最深处。《慰藉之书》就是以这样一种私密甚至秘密的方式开始的，却奇异地成了世界各地读者们喜爱的书。和人们喜欢阅读它一样，它的写作过程也令我愉悦。部分地是因为它是在很多遥远、不同、甚至陌生的环境里完成的。

中国有着自己独特的语言传统和值得骄傲的文化。在我的想象中，她充满强大的文化活力，拥有丰富的文化底蕴及远见卓识。想象本书将在那里遇见新的读者，新的心灵与头脑，以及未来可能发生的友谊，这种期待实在令人着迷。

本书完成后，我才意识到书页间承载着一种更深的含义：一个词语，从简单的字面理解，到突然跳转深入其中，只需直接、勇敢地向前迈进一步；但就是这一步，语言瞬间实现了转化。这些词语从日常的普通用词，被赋予了深刻的内涵。它们因此而成了书中那些简洁的标题和章节。

书中的每个词都是我希望重新修复的。我想把它们作为礼物，回赠给日常中的人们，希望它们在实践中得到深度练习。我想挽救那些因过度使用而变得过于熟悉的词，提醒人们它们珍贵却被遗忘的真义。很多日常中被大量使用的词，我们其实并不真正理解它们，没有尽力或者不辞辛苦地去实现它们可能给我们的生命带来的意义。因此，本书的每章都是一种尝试，试图帮助一个词恢复其源自祖先的意义，使其回归完整和真实。因此，从更大的意义上来说，这些尝试是让我们重新回到自己，是在创造一种语言。为那些日常生活里看似熟悉的词语，创造一种可以匹配的表达方式，展现其内在非同寻常的深刻性。

作为诗人、哲学家和演讲者，《慰藉之书》陪伴了我的旅行生活。我会在任何可能的地方开始写作：巴黎和伦敦的餐馆，西班牙的咖啡馆或酒吧，罗马烈日高照的广场废墟；我躲在爱尔兰西部寒冷而沁人心脾的山腰的一块岩石后面写；我缩在威尔士朋友农舍家的壁炉旁写；在拥挤的火车上，我把电脑放在双膝上努力找到平衡；当然，也有时候，我能找到一张书桌；而更幸运的时刻——虽然很少很少——我会在家里温暖的火炉旁写。

我很高兴这些词语被翻译成你此刻阅读的语言。带着友谊，它们去到了我自己可能永远不会到达的国度。同时，作为一个谦卑而受鼓舞的使者，我也在向你描述一片土地，一个我们都可以到达的地方。在那里，我们可能创造一种和睦共处的方式，在那里共同生活。我内心也深信，那是人类的未来：在共同的分享下，在超越日常生活的词语中，一起探索那片承载着深广意义的土地。

大卫·惠特

2021.4.25 于温哥华

推荐序一

“词语彼此拥有。”在弗吉尼亚·伍尔芙仅存的录音里，她嗓音沙哑地说。的确，词语是我们的造物，但我们不要被自己对它们皮格马利翁式的爱蒙蔽了——它们不属于我们，因为它们不是能被我们占有的静止想法，也不是能交易的工艺品。它们是活的有机体，弹性而多孔，富有野性，不断进化。它们占有我们，甚于我们占有它们。它们滋养我们，甚于我们滋养它们。词语彼此拥有，且我们属于它们。

然而，我们词典中那些最普通的词，那些承担使命、传递人类基本真理与经验的词，它们的意义渐渐被损坏了：被误用、被滥用、被过度权衡或轻视，维度凋零，微妙失色。

在《慰藉之书》中，大卫·惠特通过让词语回归自身，带我们重回语言之地，更因此让我们回归自己——作为寻求意义的造物，语言是我们最强大的能力，通过它我们探索世界这个古老的迷宫。对所选择的每一个词，惠特的写作更多的是复活它，而不是重新定义；更多是蒙田式的，而非考德雷式的。他的短章包含巨大的善意与慷慨的精神，让每一词语及其携带的意义恢复本来面目，不仅仅是人的，更是人道的。

“友谊是存在的一面镜子，是宽恕的证明。”他如此写道。在社交媒体时代，“朋友”这个词已经变得空洞，我们的文化已习惯于刻薄的冷嘲热讽与袖手旁观。惠特在他富于诗意想象、有魔力的织布机上，重新修补了这些老旧、被磨损得衣衫褴褛的词语，将它们变成富有思想与感觉的灿烂织锦。由此浮现的是存在的至高礼物——对词语内涵的更深领受。以此献给词语，也献给我们自己。

玛利亚·波波娃

推荐序二

读大卫的文字，我经常会有一种“战栗”，因为你的灵魂即将无处可躲。在认识大卫之前，我从来不知道诗歌也可以成为一种武器，在你想防御也无法防御的时刻，裹着灵魂向你直啸而来。在大卫的文字触摸到你的瞬间，你会理解什么叫俘虏，什么是心灵最深处的亲密。

大卫的文字是一种真挚的邀请。在那里，你会与一位诗人和哲学家的号角相遇；一个爱着的、孤独的、有温暖、有厚度的朋友，邀你进入对生命最本质的对话和思索。一如大海里的水手，邀请你进入他永不停息的航行。

在大卫 · 惠特之前，诗人不会被邀请进世界各大五百强公司，用诗歌来呼唤管理者们关注人类对意义的重新构建，思考人与人、人与自然、与世界，和人类彼此间最永恒的归属与关联。最早邀请他的波音公司，应该也不会想到大卫就此成为领导力发展领域用诗歌开路的先锋。

所以大卫 · 惠特是一个传奇。他在全世界穿行着用诗歌演讲，在《财富》的董事会上，在欧洲的神圣殿堂。他也会在太平洋西北部岛上的家里，和他祖籍中国的夫人烤着火炉，想念他出生成长的英国约克郡，他深爱的爱尔兰。在大学里学习海洋学的大卫，经历过出海的风暴，曾在加拉帕戈斯群岛担任向导，也曾带领旅行队前往喜马拉雅山。

所以读大卫的文字时，如果我们仔细倾听，能听到那来自遥远海边的海风与海浪；听到一个在大风大浪里燃烧的灵魂，带着犀利的温柔与勇气，与你进行着最直击心灵的对话。

对于同样热爱着文字和大海的我，认识并成为大卫的朋友是一份值得感恩的缘分。感谢青豆书坊发现了大卫这个宝藏，将这份文字的光芒带回我梦里萦绕的东方大地，和我的故乡北京。

祝福所有热爱着灵魂的生命。

陈燕

之爱学院创始人

2021 年 4 月于温哥华岛

目录

孤独

孤独的渗透

教我们重新思量自身。

孤独是孑然而立的一个词，即使被用于向他人诉说，仍然带着简朴、独自的美。当我们准备“孤独一人”迈向某个深处或面对迫在眼下的威胁时，都能感受到它。它包含着被抛弃的回味。“孤独”一词总让人联想到奇异的终局。尤其当欢聚犹在心中回响，“曲终人散”之后，孤独开始定义和生成自己不可逃避的世界。花时间独处的第一步，是承认我们有多害怕孤独。

独处是一项艰难的修炼。感受一种美丽而困难的孤独，是我们步入沉思、拥抱未知的基础。孤独首先让我们体会到的，常常是阻隔、悲伤和被抛弃。发现自己孤身一人或必须独自面对，是一种无处不在、可怕而持久的可能性，我们常常下意识地为此感到深深的恐惧。

无论多长时间的独处，都会让人卸去外衣。孤独时，我们栖于自身的方式和与人相处时并不相同。孤独时，我们作为一个问句而非肯定句活在身体里。

孤独的渗透教我们重新思量自身。一开始，我们对自己不耐烦，厌倦旧故事的重复；然后慢慢地，一小时一小时过去，孤独开始以不同的方式讲述，以往某些被忽视的部分张开另外的耳朵，我们在寂静中仔细倾听自己。为了独处时光的丰盛，即使只有宝贵的几小时，孤独也会要求我们与沉默为友。重要的不是我们如何打发静默，而是找到自己独特甚至精彩的独处方式。

在孤独中栖于静默，意味着全部的叙事终止。以孤独为始，总会通向生涩与脆弱，通向让人恐惧的简单。那陷于孤独者不去认知，也不想知道更多，只希望找到任何可能的陪伴，只要不是回望沉默之镜中那无知、陌生的自我。

自我怜惜的一个基本动力，就是理解我们对独处的深深抗拒。

孤独先是让我们对自我心像感到迷惑，穿过如是我见的尴尬乃至丑陋，达至极点；在某一刻或某一天，于不经意的美丽惊喜中，一种新的状态生成，内在的生命慢慢编织，揭晓于天光之下。

孤独并不一定需要无人在旁；根本的做法是我们让自己独自待着，断绝那无休止地试图从细小或繁杂的视角解释与推动故事的声音。

即使有人相伴，一种笼罩的孤独感仍可培养。孤独无须身在浩瀚沙漠、宽阔海洋或寂静深山；人类有能力在与他人亲密共居或被世界的繁忙包围时，仍感受到最原始、私密的孤独。在会议圆桌后，在幸福投入的婚姻中，在满载乘客、拥挤不堪的船舶上，都能感受孤独。

在最亲密的场合，我们总能感受到孤独的艰难：在婚床的暗处，相隔一厘米却好像有一千英里的距离；或当我们围坐于拥挤的小小餐桌旁陷入沉默。有他人在场时体验孤独，也是在理解人之存在的孤单；同时也在体验那种无论我们是否想要，都将我们与他人结合在一起的深刻的物质之流——孤独甚至通过距离感来度量亲密。

21世纪初，感到孤独或希望孤独的心态显得不合时宜：承认感到孤独似乎是在拒绝或背叛他人，仿佛他们不是好的陪伴，或者他们的生活不够好玩、有趣以至吸引我们，寻求真正的孤独成了激进之举。想要独处意味着拒绝某种热情的对话，转向了另一扇门，另一种不必被人的词汇所定义的热情。

也许，从工作、自身的某个想法或忠诚伴侣的身畔脱身而出，正是我们能欣赏别人、工作和另一种生活的关键——这让我们能独处的同时，也让他们有空间独处，使生活重新变得有选择；让我们的孤独成为一种可望的成就，而非被谴责的状态。

雄心

对于尚未展开的年轻生命，雄心或许是必需的，

但它会变成成熟生命的基本障碍。

雄心这个词缺乏任何真正的雄心。雄心是：凝固的欲望，停滞的职业或生命之流，过于具体而刻板的目标。对于尚未展开的年轻生命，雄心或许是必需的，但它会变成成熟生命的基本障碍。雄心让我们偏离创造性对话的真正内涵；同时，那一再被谈及的目标会因过度描绘、过于熟悉或过度理解而变得虚假。

怀抱雄心的易处是它可以解释给别人听，而雄心之病正在于它可以如此轻易向他人解释——但值得奉献生命的东西不希望如此被轻言，因为会削弱它真正的存在感。真正的事物有自身秘密的语言与内在隐秘、出人意料的意向之流，哪怕对于准备将一切付诸行动的人来说也是如此。

在那些秘密从内心苏醒之前，雄心的张扬使它们枯萎，阻碍其盛放与成熟；而这些秘密的热情是献身某项事业、实现终生成就所必需的。

我们本想借雄心之光照亮未来世界的一角，但最终它展现的，终究只是我们已熟悉的梦想。放任的雄心乏味无趣，就像平庸的百万富翁，唯一的目标是制造越来越大的被控制的王国。而真正的使命召唤我们超越自己。在人生途中，我们会心碎，但也愈加谦卑。最初吸引我们的那隐藏的本真，将净化和启示我们。我们会发现，从一开始我们其实已拥有所需，最终还要回到初心；而这初心，未经途中的辗转，我们便无法理解。

无论如何自矜劳动的重要，我们终究是我们无法想象的世界的供养。雄心引领我们走向地平线，却无法超越它——在我们的控制之手外，地平线将不断后退。而使命，则是我们的身体与劳作、智力与想象之间的对话，也是我们寻求的新世界本身。一个职业始终包含某种我们全情投入时受挫的心碎，而真正的使命总能从抱负与失败中蜕生出对他人的悲悯与理解。

雄心需要持续消耗意志，才能将自己保持在一个位置上；而真正使命的召唤，要求我们始终关注环绕自己的未知引力场，我们在此为自己充电，犹如呼吸充满可能性的空气。人生的志业不是一串赖以驻足的踏脚石，更像是穿越一片海洋——没有路径，只有向前，与风雨对谈。回望时，我们能看到的，只是水上一抹闪着微光的尾迹。

对于踏出第一步的年轻人，雄心是自然之事，他们总要体验其虚妄后才能了解背后更大的真相。但若坚持雄心太久，年纪渐长，人生会变得缺乏惊喜。充满雄心抱负的晚年会再度变成童年，曾经的成功者，沦为被怜悯的对象。

一项终生事业留下的真正印迹，是达至慷慨之境，是乐见年轻人的憧憬：我们能给予他们的，不仅包括可能获得的奖赏，更包括事业本身的奥秘——这是让旅程成为旅程的核心技艺。

我们能在工作上留下的伟大遗产，并不是将雄心灌输给他人——虽然这可能是我们介绍自己事业成就的第一步——而是传递一种纯粹的荣幸感：因为我发现了一条可以追随的道路，我有幸走上它，与他人一起，体验了那么多困难与微小的胜利；而最大的潜在礼物是，成为见证者，也充分参与到对话之中。

愤怒

愤怒是在意的最深刻形式。

愤怒是在意的最深刻形式：在意另一个人，在意这个世界，在意自己，在意生活，在意身体，在意家庭以及所有我们的理念，在意那些脆弱、可能受伤害的一切。

除去身体禁锢与暴力反应的外衣，愤怒指向的是纯粹的同情；愤怒内在的活火让我们看清自己的所属——我们希望守护什么，为了哪些事物我们会奋不顾身。

我们通常所称的愤怒其实是我们被随愤怒而来的脆弱压倒，它冲破了意识表层、超过了我们身体的容量和理解的极限。我们名为愤怒者，实际上只是我们难以守护日常生活中我们最关切的事物；我们没有那么大度、慷慨，不愿以天地之大、存在之明而用身体或心灵无助地将自己所爱抱于怀中。

那些通常被我们称为愤怒的事物，是我们内在的无助向外触发的暴力反应，无助则与深深的疼痛和关切相连，只是我们没能找到合理的形式、身份、声音或生活方式来容纳。

我们所谓的愤怒，往往是在拒绝直面生活的恐惧与未知——关于我们对妻子的爱，关于我们对儿子的关切，关于我们对完美的渴求，或者仅仅是单纯地活着，爱身边的人。

愤怒最常浮上表面的时候，是当我们感觉这种无力和脆弱有深切的错。我们会因为愤怒语无伦次，或有口难言。纯粹的愤怒反映了我们卷入这个世界的方式，即我们因为所爱的一切变得脆弱：女儿，房子，家庭，事业，土地或同事。

当我们的意识拒绝承认对外部事物之爱的脆弱性时，愤怒便转化为暴力的言行。当爱缺乏传递、理解，当内心被需要的渴望没有得到外部确认，爱我们的人常常会令我们受伤。如果缺乏媒介来表达这种内心之痛，人们会被爱的脆弱性本身压倒。在无助中，他们将暴力施于他人，而这正是他们无力控制内在的表现。

然而，愤怒这一感受的核心，其实是一种完全投入、活于当下的重要火焰；它是一种可被溯源、被奖赏、被关照的品质。当意识逐渐清明，心灵逐渐慈悲，内在的格局更大更强足以容纳它时，就能找到将这种力量尽情投入世界的入口。

我们表面上所称的愤怒，其实只是内在本质的镜像，我们借此看见自己的内心。

美

美是对当下的收获。

美是对当下的收获，是世界转瞬即逝的刹那深印在我们内心。眼睛、耳朵或想象突然成为此处与彼处、过去与当下、内在与外在之间的桥梁。美是存在于外界的事物与内心深处的事物之间的对话。

美是深深的关注与忘我共同所臻之境：忘我地观看、倾听、嗅闻或触摸，因此抹去我们的孤立和与他人的距离，以及对他人的恐惧。美引领我们穿过迷醉，来到那造成我们之物与造成世界之物交汇的可怕边界。美总是被发现于对称与引人入胜的不对称之中：创造中的对称与不对称随处可见，飞蛾的翅膀、通透的天空与坚实的大地，可爱脸庞上宁静专注的眼睛，从中我们看到被映射的自我。对称借此将内在感受与外在印象聚拢，我们将在那张脸上看到的远处的他者，与内心深处的自己联系起来。美，是内在与外在之相生动于同一张脸上。

美尤其发生于时间与永恒的相遇中；此刻被已发生与即将发生所限定：春天第一朵苹果花的凋谢，卷曲的叶子在倾泻的光线中打着旋飞行，那平顺的洒满阳光的白床单被一双手小心地晾到绳上。有一刻，微风将棉布吹胀，那些床单飘向未来，它们将会变干，这未来始终吸引我们，又始终超越我们。美是对当下的收获。

开始

无论好的开始还是坏的开始，

重要的是开始。

无论好的开始还是坏的开始，重要的是开始。开个好头的能力是一门艺术。就像拿起一个新的不熟悉的乐器，第一步是花时间学会第一个简单清晰的音符，学会宽恕自己的无知。在这个阶段，要允许自己有权什么都不懂。任何好的开始，都涉及从迷惑、凌乱、复杂中清理和发现本质那隐藏起来的美丽轮廓。

开始是困难的。我们自我隔绝的仪式、大师般微妙的拖延技巧，都反映了自己多么不愿勇敢迈出那接近目标的第一步。而只要真正开始，就能重获快乐。

也许，迈出新的一步，需要从身体的基本核心开始，而我们对身体疏忽已久。好的开始意味着让自己重回自身，跟上自己，跟上自从上次尝试以来所成为的那个人。身体的激烈行动，会带来内部同样激烈的净化；我们那曾经有效运作多年、依然在排演复杂老剧本的大部分自我，会突然失业。

这时所发生的，其实类似企业内部裁员的过程。我们放下害怕参与或已不能有所贡献的那部分自我，伴随着死亡般的创痛，在挣扎中最后一搏，并对这个精简后的新的自己感到难以置信——如此简单的一步，竟是迈向前方新的可能性所必需的全部。

我们很难相信，这勇敢的一步离自己如此之近——比我们想的还要近。事实上，我们已经知道那是什么。这一步比我们曾以为的更简单、更基本：只要拿起笔或木凿，拿起乐器或电话。我们总是偏爱精心筹划的故事，安于躲在恐惧的阴影中；我们希望地平线始终待在远方，从不做出完全或简单的承诺。但文章总是比需要的更长，而安全的回答是不可能的。

包围

在被包围的日常中创造一种孤独，

是个体能为自己做的最勇敢的事之一。

被包围是多数人在多数时候的感受：被事务和人群包围，被提供各种所需、抚养、参与以及自身推动的种种可能性包围。奇怪的是，人们尤其紧紧地被他们长年努力取得的成就包围。

无论失败或胜利，感觉拥挤、被攻击、被环境阻碍，这些不仅是当代社会多数人的日常体验，也是人类自有意识以来个人生活的一种持久动态。人无法逃避生活的责任：即使退到荒岛，那位孤独的岛民也会列一个鲁滨孙·克鲁索的清单来让那地方适于居住，或者制作筏子用于逃离。如果你让所有人走开，他们会在四周逡巡，想知道你为什么要这样做。如果你挣许多钱实现了个人自由，整个世界会跑来分一杯羹。

如果全世界的人并不会走开，那么我们面临的一个极大磨炼，就是具备与事物共存又不被困扰的能力。在包围之下，我们需要一张“不做什么”清单而非“做什么”清单来开启一天。这是在有时限的世界之外开辟一个新时刻，重新调整我们的顺序与轻重缓急。在这个无为与沉静的空间里，我们创造一个根基来重构我们的日子与自己。以自由与无拘无束开启一天的对话，允许我们重新看待自己，如初见般重新进入世界。我们放下自己、自己的成就、雄心以及那些被过度强调的希望，且看它们如何再回到我们身上。

为减少这种包围，我们应尽力为孩子做到最好；在适当的时候带着祝福将他们送走，不管他们要去往的方向潜藏着怎样的危险。我们经营事业，随着日常开支上涨，要始终记得这事业本是我们通往自由的门径；我们庆祝成功，同时意识到另一个地平线在召唤，我们需要一次又一次重新开始。为衡量成功，我们应学习向内寻求更亲密的内在世界，而非期冀遥不可及的远方。

我们被一切包围着，难怪男男女女总在两者之间徘徊：一面梦想一个与世隔绝之地，一面又在孤独中想要被需要。无论被包围或独处，我们似乎在无可挽救的孤独与无可挽救的占有之交叉路口过得最好；如果在两者之间的对话中无可选择，那甚至更好。这两者同时成立：他者永远不会走开，而孤独既可能又必需。

在被包围的日常中创造一种孤独，是个体能为自己做的最勇敢的事之一。正如但丁所言，“在人生的中途”（Nel mezzo，意大利语），在万物之间，被包围——但身姿优美，因为我们在他人与事物之间拥有一席之地。

我们逐渐爱上那惑我心者，不把它们看作敌人或围困的力量，我们像第一次参演一部戏剧，感到既熟悉又惊异。我们发现，有人来敲门，既是一种负担，也是一种荣幸。被世界看见、认识和需要，有空间来接纳众生与万物，绝对比相反的情形更好。

接近

人类的本质不在于抵达，

而在于将至未至。

接近是我们总是处于的状态：接近快乐，接近他人，接近离开，接近泪下，接近神，接近失去信仰，接近完成，接近说出某事或接近成功；甚至，带着最大的满足感，接近放弃整件事。

人类的本质不在于抵达，而在于将至未至：我们是在路上的造物，我们的旅程是一系列即将到达的期望之所。我们下意识地通过测量与自己接近程度的反向距离来生活：我们通过分离时所感受的脆弱来校准亲密感。

比接近更近一步，超越我们的日常身份，意味着在短暂的快乐中失去自我。这种接近将我们置于更深层的亲密关系中，让我们固有的充满控制欲的表面身份变得模糊。

有意识地与人接近，是勇敢地单向解除武装，是拿我们的防御与爱碰运气；是愿意让我们的感情受伤，也是某种无意识的宣告——我们可能会承受因亲近而带来的不可避免的损失。

人类不会通过完成或最终抵达而找到本质，而是通过持续接近他们喜欢的旅行的方式，通过所站立的大地与要奔赴的地平线之间保持对话的方式。实际上，我们总是接近，接近那终极的奥秘：我们寻求道路的朴素愿望，比所能到达的任何目的地都更真实；从不理解这一点到理解这一点，其距离接近于我们与幸福之间的距离。

坦白

坦白是解放自己。

坦白是剥去保护层，是讲出那曾是羞辱的真相，突然它成为一扇门，成为通向坚实大地的入口，甚至是归家的第一步。坦白是解放自己，它不仅是承认罪过或疏忽，也是在宣告更深的忠诚、更大的奉献，而不仅仅是因为害怕受到惩罚或排斥。坦白是宣布已准备好踏上更有勇气的路，在这条路上，过去曾维护的身份被割弃，变得无关紧要——它只是一种干扰的幻象，让我们多年来忙于应付，不能直面真正的问题。

摆脱欺骗可能是一个目标，但坦白总会有后果。

我们有充分的理由对坦白的后果产生恐惧：真相揭晓之后，旧身份及被保守的秘密几乎不可能再继续存在。我们将在孤立中开始新生。那些曾被我们伤害的人，那些不理解我们需要说出真相的人，会真的回避我们。坦白意味着要求我们独自开始新的旅程，不再有熟悉的同伴相随。

临终病榻上的坦白如此常见。即将到来的死亡让忧心忡忡地保守秘密的旧身份变得荒唐，乃至可笑。突然，我们不再是自己一直守卫的事物。在离世的阴影下，我们开始懂得，我们为维护自己的名声与身份消耗了巨大的努力与意志，却只是在维持一种临时的人格。当尘封的秘密被揭开，我们必定投身于新的忠贞与流变——那是一条河流不断到达目的地——当新篇开启，不再在临时的根基上继续，一种截然不同的生活开始生成，它要求更深层的自律：即使我们只是在临终的床上才认识到这一点。

因此，坦白不是消极的，不是简单的面对过去错误的能力，而是积极的创造意义的基石。在基督徒早期传统中，坦白意味着声明自己的信仰，通过在无情的见证人面前大声说出，坦白揭晓一个人相信什么为真；坦白是置身于脆弱与赤裸，有时也是置身于那些可能不完全理解我们的挣扎的仁慈之中。

凭借坦白获得的新的豁免，我们以新的目光认识自己对他人的侵害；这侵害不仅源自世界，也源自我们自身，源自我们隐藏的某些东西。保守秘密不仅仅是免受惩罚的防御，也是无法迈出勇敢的下一步。为了厘清坦白将会带来惩罚这种困惑，我们可以首先对自己坦白，在隐私得到可靠保障、自己的心灵变得开阔之后，再将它转变为现实中最好的表达。通过这种方式，我们将试着融合难以调和的两个世界。坦白是对施害与受害、内在与外在的整合。

坦白不仅是承认自己一度隐瞒真相——我们曾悄

然呼吸，独守秘密，不敢发出一点声音——也是投入更大的充满希望的力量，使自己不再犯同样的错误。

勇气

勇敢是把我们的感情深深植入身体和世界。

勇气是这样一个词，它吸引我们向外思考，勇敢冲向敌人的炮火，在被围困的环境中有所行动，而且，可能最重要的是被人看到，公开地去做，彰显勇气：被传为美谈、褒奖和授予荣誉。但考查勇气的词源会发现它更内在的含义，它源自古老的诺曼法语词coeur，也就是“心”。

勇气是对我们由衷地投入生活，关注他者，投入团体、工作与未来的衡量。富于勇气并非必须去哪里或做出什么，只要我们意识到那些被深刻感受的事物，能扛过那导致无尽脆弱的后果。勇敢是把我们的感情深深植入身体和世界：不辜负融入那些与我们有关的人的需要，那些我们深深在乎的事物——一个人、一种未来、一种社会的可能性，或一个恳求我们的未知者——始终都在恳求我们。富于勇气，是守护我们作为造物的本色。

法国哲学家加缪常告诉自己："要生活到泫然欲泣。"这不是号召多愁善感，而是邀请你寻找深沉的归属，它影响和塑造我们，在基本的层面上让我们伤心。它是人类生活的基本动力——被我们的所感打动，犹如为爱与情感的现实、特权及其可能的失败而吃惊。面对简单而日常的生活考验，勇气是爱表现出来的样子。

从内部出发，勇气感觉上可能像困惑；我们只能慢慢认识到自己真正关切什么，并允许生活在外力的拉扯下重新定位。随着我们的成熟，那挥之不去的脆弱感渐渐成为前行的必经之路，唯一真正的邀约，以及我们可以踏脚的可信赖的土地。在内心，我们由此明白谁爱着我们，我们爱什么，如何去爱，以及如何爱得更深——只有通过从外部的回望，它才看起来犹如勇气。

危机

那压倒我们的内部风暴，

源自人们天性中不可避免的缺陷与弱点。

危机是不可避免的。每个人的一生最终都会衰败，仿佛被一些不可名状的力量、潮汐或地下磁场带向它粗糙的存在本质，仿佛每一事物到达那一点后开始遭遇和迎接我们自身根本的缺陷。而彼时之前，身为个体所能做的，似乎只有接受下行的结局，无论解释也好，减轻也罢。

这种与基本的潜在动力有关的绝对体验，现在被理解为我们生命的必然；过去它常常被忽视，现在它让自己被觉察，这种可触的粗糙甚至成为日常生活质地的一部分，那强烈的脆弱照亮了随之而来、不可避免的失败前景，数个世纪以来被描述为“灵魂的暗夜”（La noche oscura del alma）。也许，这暗夜可以被更准确地描述为两场巨大风暴的交锋——那从内部压倒人的风暴，与从外部征服人的风暴之间，存在一个脆弱的狂飙边界。

那压倒我们的内部风暴，源自人们天性中不可避免的缺陷与弱点。我们自欺欺人，试图创造虚假的声名与故事以获得自己在世间的位置；我们控制对自己故事的叙述，不顾外部的揭示。外部的巨浪则驱使人放弃自我，被浪潮抛弃后重新自我命名，在强大的潮流中挣扎着重新定位。

在内外两者之间合拢的小径，是最难驻留之地，而我们呼吸于两者之间，以此创造世界，活跃于两者的互动交换：即意识到我们愿意被需要、被看见，需要帮助与救援。我们居于一个充满光明与激情的世界，同时也受制于风暴与天气，被存在的音乐环绕；可被活生生的世界发现，也有一种天然的忘我能力，在世界需要时回应它的召唤。事实上，危机是对死亡的预演；而在死亡之所，内在与外在将颠倒过来，流动无定。

拒绝

拒绝可能是一次漂亮的蜕变。

拒绝是被深深低估的存在状态之一。拒绝无处不在，甚至是美妙之事，你能看到它的慈悲与基本力量，它抚育与守护某种角色，直至准备好继续前进。面对人生中深层的失败与消逝，拒绝是一种富于创造性、必需且自我怜恤的方式：孩子们并不想知道自己终有一日会死去，而大人们也不必告诉他们。拒绝面对那些我们不够成熟或尚未准备好面对的事物，能帮助我们度过当下的艰难。

充分被体验的拒绝，让我们理解自己多么不愿意待在此地，因此成为一条自我认知的途径，我们由此开始注意和欣赏那些渴望被关注的事物。拒绝是每个人被解放后进入更大空间之前所处的美丽过渡，需要我们离开已熟悉的旧居而孤立，甚至违背自己的意愿。

拒绝在人的生活中无处不在，无法回避，即使对最有修为的宗师而言，也是如此。拒绝是必需的，因此才能将宇宙中等着我们的、强大可怕的风暴暂时搁置于地平线上。拒绝属于我们所有人，不要轻易交出去。然而，一旦过于死板与固执，拒绝也可能成为一座牢笼；但对于那些不能下决心勇敢迈出下一步的人来说，拒绝是必要的踏脚石与包含同情的地基。

拒绝可能是一次漂亮的蜕变，让他人看见我们；甚至，当他人和我们采用同样的方式时，他们也会得到祝福。通过观察与体认我们的拒绝，我们理解了自己不愿做什么的天性，看到了灵魂真正的愿望。

事实上，我们都用临时的名字与故事过此一生，这让我们得以呼吸当下的空气；与此同时，我们也必须凝视那大能的双眼，它构成了我们当下认知的地平线。出于奔向地平线的愿望，拒绝会自然结束；因被召唤而去关注，比试图去看我们尚未准备好去看的事物要好得多。

拒绝是生活的良伴。拒绝是洞察与做好准备之间的交叉路口。拒绝“拒绝”意味着我们尚未准备好，就邀请某种力量进入我们的生活。

绝望

绝望是最后的庇护所。

当我们心碎至极，当我们的世界或所爱消失，当我们感到自己不再被爱或不值得被爱，当神让我们失望，或当我们的身体承受着无法消除的剧痛——当我们无处可去时，绝望收容我们。

绝望是一座天堂，以其奇美与自我怜悯的短暂形式呈现；当我们想从伤痛中脱身就接受它的邀请。绝望是最后的庇护所。通过绝望而消失，是寻求一种暂时但必要的幻觉，那是一处没有人能循旧路再找到我们的地方。

绝望是一种必要的季节性的修复状态，是疗伤的暂时缺席，是生理与心理的内在冬天，让我们停下此前对世界的参与获得休息；它是迷失的地平线，是当我们不想让旧事循迹而来时的避难所。当某些愿望不可能成真，我们放弃希望；绝望是忍受，也是治愈的时光，即使我们还没有发现新的希望。

出人意料地，绝望成为希望最后的堡垒；当我们不能循旧路找到希望，它们便也不能再以过去的方式伤害我们。绝望是甜蜜而虚幻地抽离，从栖居的身体离开，我们阻止自己再感受任何东西。绝望是我们不想再以世间为家而前往的地方。在绝望中，我们带着一种美而残忍的满足，感觉自己一开始就不配得到。奇异的是，绝望有它自身的成就感；更奇异的是，绝望依靠绝望来活下去。

当我们试图让绝望停留得长过原本的季节，并开始在冰冻的失望中塑造自我，绝望就会变成抑郁和抽离。但是，绝望超过预期时长的继续存在，只有通过人为强行地制造距离，通过我们远离身体的感觉，通过陷入失望的心情，通过相信季节凝滞，不会再改变，也许最简单但最重要的是，通过拒绝让身体完全地深呼吸。绝望靠凝固我们的时间感受与时钟节奏来存活；当我们不再感觉被时间所困，当季节再次流转，绝望就会死去。

为让绝望存活，我们必须麻痹自己的身体，从中抽离，关停听觉、触觉与嗅觉，与这个世界萦绕的春天保持距离。绝望需要某种照料、补给与孤立。当身体能自由呼吸，耳朵听到早晨第一声鸟鸣或风吹过树叶，最灰暗的云朵也会被风吹散，最凝固的季节也会流转，心脏将继续跳动，我们意识到世界永不停止，也不会走开。

绝望的解药并非尝试快乐之事让自己兴奋起来，而在于鼓起勇气给身体与呼吸极大的关注，不管我们的思想与故事如何被禁锢。让人惊奇的是，当我们集中注意力观照绝望本身，观照我们执着于它的方式，会意识到它从一开始就非我所有，无可执着。倘若我们透彻地观察和体验体内的绝望，会把它看作一种必要的季节性造访，让它拥有自己的生命周期，应时而动，既不提前拥有，也不过早驱除。

通过承担绝望的全部重量，别一心想着摆脱它，我们便迈出了走出它的第一步。我们让自己的身体与世界重新呼吸。在呼吸中，绝望转化为别的东西，流转入别的季节，正如它本来想要的那样。想想人类生于此凶猛艰难的世界，半数的体验由失败和受挫主导，绝望是一种艰难但美丽的必然。然而，它只是一个季节，是流过我们身体的波形，不是围困我们的监狱；它们依照自身的耐性、力量与意愿，无论多慢，都必将随季节流转。拒绝对绝望本身绝望，我们便让绝望拥有了自然的生命，并在此基础上建立我们的同情——有能力看见、理解、触碰乃至说出他人心中的沉痛。

命运

面对世界的方式，

将决定我们看到的世界的面貌。

命运总有一个拥有者，我们会说“我的命运”“你的命运”或“她的命运”。它让我们体会到某种等待我们的不可避免的东西；它是故事书或神话中的词语。在日常对话中很少用到“命运”一词，它会引发相信或不相信：我们可能否认某些命定的不可见力量主导着一切，也可能同意仿佛有比我们更强大的掌控之手运作于日常生活的每一角落。但谈论命运，不仅仅赋予我们对自身可能性的感知，也是对自我缺陷的一种暗示：我们阅读莎士比亚时会感到，人性中那些悬而未决或无法言说的部分，可能会凌驾于较好的部分。

当我们在神话般的胜利和命定的失败这两极之间选择时，我们可能错失日常对话中命运的本质：无论选择做或不做什么，这场对话进行的方式影响着我们的未来。两个人仅仅因为他们看待未来的方式不同，将会有完全不同的结果等着他们，这与当下采取的行动无关。即使他们做的事情表面相似，由于对话背后思维方式的不同，结果也会不同。我们受自己如何看待世界的影响，也不断被结果所塑造。面对世界的方式，将决定我们看到的世界的面貌。

奇异的是，不管具体做什么，每个人总会按照对话的方式“实现”自己的命运——而命运的实现，在从人生圆满到彻底受挫之间的水平线上徘徊，可能是归家般的体验，也可能是放逐远方的感觉，更常见的是介于两极之间。虽然它们都被称为命运，但自我的满足与实现与否，取决于勇敢的参与，取决于在一个艰难世界里亲身冒险的意愿，取决于施展自身天赋的某种狂野与大胆。如何了解自己的深度，如何发现超出意料的宽度，以及我们对未来期许多少，都需要承受相应的长期而坚韧的脆弱。命运“注定”，不仅仅取决于前方地平线之上召唤我们的大能，也取决于在熟悉的生活中我们日常对话的方式。

失望

衡量勇气的标准，

就是看我们是否愿意接受失望。

失望是不可避免且必要的；如果处理得当，这种被误解的慈悲会成为人生变革的契机，以及信任与慷慨的地下引擎。努力创造一种没有失望的生活，是在尽力避免脆弱，避免我们所需的充满慈悲的心碎；而正是这种脆弱让我们与生命的对话更真实动人，更像生活。感到失望，让我们重新审视自己与内在的世界，被引领到更广阔的本真现实，而不是投射于外界的虚假自我。

所谓失望，可能是我们获得解放的第一阶段，以便进入下一个更大的生存模式。失望，不仅仅是重新评价现实本身，也包括我们与自身本质的关联，以及在彻底失望之前我们一直误解的事物。失望是我们心碎的第一根源；而心碎是我们在婚姻、工作、友谊乃至人生中以身试险的结果。

衡量勇气的标准，就是看我们是否愿意接受失望，是否愿意直面而不是回避它；就是理解与生命的每一场真实对话，都可能在途中令我们心碎，没有一条真诚的路能让我们免于失望；就是让我们回到现实，最初看起来像是背叛的东西，最终让我们脚踏实地。

失望提出的一大问题是：是让它将我们带回现实，构建更坚实的自我、更清晰的世界，发现于我们而言什么是好的、什么是可能的；还是仅仅把它当作伤口，退缩不前，放弃对世界的参与？

失望是变革之友。对我们准确评估自己及他人的包容提出了更高要求，是对真诚的测试与韧性的催化剂。失望是不断演变的生活前沿与现实之间的初始交汇，我们曾期待某一条特定的路径，结果发现是另外一条，而且常常更困难，令人筋疲力尽；奇妙的是，最终的回报也更丰厚。

宽恕

认真地试着去宽恕是伟大的仁慈，

即使不完全成功，也已是一种祝福。

宽恕是一种心痛，是难以企及之事；奇怪的是，这不仅是因为我们拒绝抚平原来的创伤，更因为它会将我们拉到离伤痛源头更近的地方。宽恕的过程，是接近伤害本质的过程。当我们接近其原始的核心，唯一的救赎之道，是重新想象我们与它的关系。

我们曾被伤害的那部分自我，可能永远不会宽恕，显然，宽恕不会从实际上受伤的地方生长出来。受伤的自我是我们不能忘却的一部分；可能根本就不想忘记，就像生理学中免疫系统的基本原理，心理防御要求我们必须记住伤害，以此防范未来可能的攻击——毕竟，需要宽恕的人，前提就是他受过伤害这一事实。

奇异的是，最终我们宽恕的，仍是那被伤害、被烙印、无法忘却的部分。而这已不是简单的忘却，更是同情之举。宽恕是设想一个比当初受伤者更强大的人格，我们成长，收获一个新的自我，不仅能武装曾受伤的那个自己，也将相关的原始记忆防护好，通过心理调节来增加对当初施害者的理解。

宽恕是一种技巧。在个人生活中保持清晰、明智与慷慨的方式，是一个美丽的人生命题，是一条塑造思想让未来如愿的道路，是通过理解而实现宽恕的入场券。如果理解仅仅是时间和付诸实施的问题，也许我们不如一开始就宽恕，这比经历从满怀仇恨、无能为力、不情愿的愈合到最终祝福这样的完整循环更好。

宽恕是让自己置身于比当初所谓施害者更大的力场中。成长之后，我们重新想象自己，并用新的自我重新想象过去，赋予自己一个比伤害与剥夺更大的叙事。

认真地试着去宽恕是伟大的仁慈，即使不完全成功，也已是一种祝福。

在生命的终点，几乎每个人都希望被宽恕。为了让宽恕现在就延及他人，我们应拒绝等待，即刻开始一场漫长的旅程：成为一个足够强大、有力、慷慨的人，最终让自己得到宽恕。

友谊

友谊的终极试金石

并非彼此提升，而是见证。

友谊是存在的镜子，宽恕的证明。友谊帮助我们透过别人的眼睛看见自己。只有当对方不断原谅我们的冒犯时，友谊才能保持多年，正如我们发现自己必须原谅他们作为回报。

朋友会懂得我们的困难与阴影，在我们脆弱而非得意时出现得更多——得意时，我们心生奇怪的幻觉以为自己不需要他们。默默存在的真正友谊是一件幸事，因为它一次又一次通过理解与仁慈展现其本质。一切持久的友谊均基于持续的相互宽容。没有宽容与仁慈，所有友谊都会死亡。

在多年交往的历程中，亲密的友谊总是会暴露对方和自己的阴暗面；为保持友谊，我们必须了解对方及其困难，甚至过错，鼓励他们身上最好的一面——不是通过批评，而是调动他们人格中最好的、富有创造性的部分，微妙地压制那些让人狭隘小气、不像自己的东西。

通过真正的友谊之眼，个体会大于他的日常生活。通过另一个人的眼睛，我们感到自己变得更富有人性，是一个被期待的人：他们对我们如此信任。友谊是理解的移动前哨，不仅仅是对自己及他人的理解，也是对可能的未来的理解。

友谊是一切关系背后的伟大炼金师，它能转化困境中的婚姻，让职场竞争值得尊重，让伤心及无回报的爱不显得荒诞；新近研究发现，它也是成熟的亲子关系的基础。

作为人生中持续存在的力量，友谊的变动几乎总被低估。生活深陷困境的第一个可怕症状便是朋友圈的缩小：过劳、太看重职业身份，忘记了当我们全副武装的人格遭遇不可避免的天灾与日常脆弱时，谁会在旁相助。

通过友谊之眼，我们学会对他人保持起码的兴趣。当我们的人格逐渐扁平化，失去对世界上其他生命的好奇，友谊就失去了精神与活力。厌倦是友谊的第二大杀手。

经年保持的友谊带来自然的惊喜，我们认识到自己是一个更大关系的一部分。信任友谊将在人际关系之外带来更宽广的启示：学习与大地和天空成为朋友，与地平线、季节乃至消失的冬天成为朋友，并在这信任中拣选困难的路，成为自己的好朋友。

友谊超越消亡：耐久的友谊在死亡之后继续，只是交流的形式变了，代以沉默的内在对话的方式，即使其中一方已离世，关系仍在前行与趋于成熟。

然而，不论做一个真朋友或与他人保持长期的亲近关系多么有益健康，友谊的终极试金石并非彼此提升，而是见证——被某人看见的荣幸，且这荣幸也被平等地赋予对方。你曾与他一起散步，相信他，有时仅仅只是陪伴；无论时间多么短暂，在人生旅途中这些我们都不可能独自实现。

天赋

天赋既是具体的才能，

也是尚未实现的可能性。

按照本义，天赋是我们已经拥有的东西。在它的古义与基本义中，“天赋”得到了最好的阐释——表示某个地方潜在的具体品质。正如在拉丁词“genius loci”中，它表示某地的气质，描绘这样一种交汇的组合：空气、土地、树木，或许还有山坡、崖壁、流动的溪水和跨河的一座桥。各种元素之间的对话造就一地的化身，形成它完全属于自己的样子。它是吹拂皮肤的微风，是有着独特新鲜与气味的水，是在特定地理范围内的山脉或天空。你可能去过其他很多有崖壁、溪水、桥梁的地方，但它们不会有此地特有的气质，这种特定组合构成的氛围或气候。

得益于所处的经纬度，它盛行的风、植被的颜色与芳香，在凉爽的早晨阳光照射时形成的一种独特交汇，在地球上其他地方并不存在。如果说一个地方的“天赋”是其所有组成元素的交汇，那么同样的，人的天赋也存在于人体的地理风貌与世界的对话之中。人体构成活的地理，精神与人格栖居其中。所谓依天赋生活，大概就是安居于我们生活的所有元素与所继承者汇合的交叉点上吧。我们可以将自己视为被造的风景、过去河流的交汇地。每个人都有从祖先继承而来的独特印记，包括风景和语言，与此伴随的是过往人生里半隐半显的地貌：记忆、伤痛、胜利等那些未被全部讲述的故事。我们也身处季节变换的前沿，拂过我们的事物，不仅包含成长中的礼物与心碎，也包含祖先及其有意无意传递的故事。

活出我们的天赋，就是实现所继承的特定身体与造就我们的世界之间的对话。也许天赋并不是仅仅通过成就便可到达的固有平台，而是更像在某个地方生活与呼吸的能力。在那里，我们的肉身与这个世界由物质或元素构成的其他身体相遇：身体呼吸于风中，因内部的颤动而发抖，被周期性的洪水冲刷与重构，它有其来之不易的语言，试图在无序的事物中寻找秩序，但它也必须顺应季节，面对自己独特的快乐，以及必要的悲伤。凭直觉它知道自己特定的未来，却也必须与其他所有未来对话。

天赋既是具体的才能，也是尚未实现的可能性；它不是显露、固定与可征用的内在用品，而是需要跟随、深化、理解与赞美的对话。天赋是继承与地平线之间的交汇，是已被讲述者、可被讲述者与未被讲述者三者之间的交会，是我们的实践能力与那吸引我们的神秘引力之间的关联。我们的天赋是理解出生时的群星，站在下方，从那里寻找地平线上躲藏的那颗孤星，那颗自己一直在追随的孤星。

给予

给予可能是存在的本质，

以及对我们人格的测试。

给予是一种艰难、近乎形而上的艺术形式，只能通过实践去做得更好；学习给予，似乎总是很简单——只要再次去给予，但有时却令人心碎。在任何关系中，停止付出意味着结束某种亲密无间。给予可能是存在的本质，以及对我们人格的测试。它对我们与他人，与自己，甚至与时间本身的关系都提出深刻的拷问：所有礼物都会随着收受者的成熟而改变。

良好、恰当、时常的给予，会让我们在渴望表现慷慨的冲动与感到意外、乐于接受之间，构建一种如季节般美丽和谐的对称。慷慨而恰如其分地给予，最难的是带着自发的感情——这是“给予”艺术中最华彩的部分，是人类最伟大的特质之一。

给予是难的，做起来并不容易。良好的给予实际上是一种训练，为做到恰如其分，必须进行多年的练习和观察。这门艺术的学徒常常在错误的时间将错误的东西给了错误的人，需要时间和试验来学习。它意味着超越自身需要的藩篱，去理解另一个人及其生活。最重要的是，它暗示我们自己也是接收者——我们收到了，却常常不能认出甚至发现这一点。

给予有着宏伟的地平线与难以跨越的宽度：它是实用的——创造了我们群体利益所需的联结与相依；也是本质性的——其精髓是看见他人，通过推己及人，知道他人的存在本身即是一种荣光，而且他们各有非凡的禀赋，知道谁曾付出和自己被给予了什么。就我们所知，除了人类没有别的造物有这种能力，能以这种方式认识他者的精神。

给予意味着关注和创造与所予之人富于想象的联结，其本身即是一种关注，一种对我们之外的生命予以认识与感谢的方式。

给予的第一步可能是做预算，列清单，浏览店面或网页; 但本质是通过思考来完成的: 关于对方、善意、理由，找到需要、人或关系本质的思考。这些思想会产生令人惊喜的理解之心，让收受者感到惊讶，因为你向他们展示了有人能理解他们——如果你做得高妙，他们甚至能认出自己不敢承认的需要。给予的天才境界是，在一个人尚未完全意识到自己值得如此之前发现他的需要。这并不意味着提出过高的要求，因为那是他们生命中自然发生却让人惊奇的一步。好的给予能使人放下防御，获得感动和力量，而给予的人也能因此得到非比寻常的满足。

给予是一段将自己投入到另一个人的身体、意识与期待的想象之旅。通过关注他者身上的具体特质，给予让我们自己的身份在世间变得更真实。给予也是执行一项困难的任务——将自己的本质放入我们所给予的事物。完美的礼物可能微小而便宜，却因附上一张便签而打动了对方；也可能庞大、奢侈、昂贵，像不顾一切的爱一样让人震惊；但恰当的给予始终需要投入一点勇气，迈出建立联结的第一步，说出我看见你、欣赏你，这也是在对未来做出含蓄的承诺。毫不奇怪，我们的节日礼物中没有这些品质，而是无意识、烦琐、“逛购物中心”式的，这让我们疲惫不堪，并在无形中“侮辱”了那个收受礼物的人，因为我们终究不过是随机选了一样东西。

最好长时间坐在扶手椅里，默念那些我们想赠予礼物的人，寻找一种充满想象力的途径去表达“我了解你”“看见了你”“我想感谢你”，然后我们才可能找到那完美的“物品”。也可能改变主意，去写一条用心的短信，感念对方在我们生命中的位置。

老生常谈之所以是老生常谈，是因为它们讲得始终正确：重要的是心意，但更重要的是心意背后的想象力。礼物使心意变得有形，而收到有意味的礼物，就是得到双倍的祝福。

感激

最大的感激是对存在的感激。

感激不是当我们收到某物时的被动反应。感激源于关注，觉悟到我们自身与万物的存在。感激不一定是事后展示的某种东西，也可能是深层、先验的关注状态，显示我们懂得并胜任生命的天赋本性。

感激可以这样理解：亿万事物汇聚一处，为了让我们能哪怕再多呼吸一次空气。生命是潜在的馈赠。作为生命的载体，作为人类的一员多么幸运，我们奇迹般地作为存在的一部分，而非空无。虽然会经历暂时性的疼痛或绝望，但我们栖居于活生生的世界，有真实的面孔，真实的声音，有欢笑、蔚蓝晴空、田地的绿意、冷风的清凉，或冬季黄褐色调的风景。

知晓蔚蓝色那不可思议的本质，便会充满感激，而无须说一个感谢的字眼。看见女儿美丽的脸庞，就会满心感激，而无须寻找神向他表示感谢。坐在朋友与陌生人中间，听着众声喧哗，种种奇思妙想；在生活的表面之下，直觉那内在的生活，栖居于多世界而刹那于此世间；作为一个人跻身于芸芸众生之间，不必说只言片语便已在彼此对话。我们对与己共存的一切油然而生一种感激，在同一瞬间，我们既参与也见证了一切。

最大的感激是对存在的感激，通过参与和见证这种全情投入的方式。我们坐在桌边，作为他人世界的一部分，但同时，我们也不自觉且毫不费力地造就了自己的世界。这是非凡的礼赞，是感激的本质——拥有一颗深感荣幸之心。感激发生于我们与他人的存在相遇之时。没有感激之情，可能仅仅意味着我们没有去关注。

大地

来到大地上，

是开始充满勇气的对话。

大地是躺在我们脚下的事物。它是我们已然站立的地方，一种确认无误的状态。无论希望与否，它都是我们所在的处所与环境，是怀抱与支持我们的事物。我们不愿承认的是，它也在生理或心理上挑战我们，不顾我们的期望和需要。它活生生的地基，告诉我们：我们是什么、我们在哪里、我们所处的季节，以及不管我们理论上希望什么，它都如实相告，在我们体内、世界上及二者之间的对话将发生什么。

来到大地上，是在周遭及我们所栖居的肉身中找到一个家；至关重要的是直面真相，不管如何艰难。来到大地上，是开始充满勇气的对话，是走进困局，通过走出第一步，找到一直在我们脚下的支持与基石——一块可以踏上去的立足之地，同时也是出发之地。

闹鬼[1]

当我们付出而不是等待被给予，

我们会变得真实可见。

1 原文为 haunted，兼有被鬼魂纠缠和被困扰两种意思。——译者注闹鬼是用来表示一种悬而未决的平行之物的词语，一种不那么在场的在场，来自尚不可言者的拜访。它也是渴望的化身，难以承受的欲望的基质，象征着不想在这个世界或下个世界安顿的事物。某人或某些事物走过我们房子的走廊，走过我们心灵的走廊寻找能帮助它们安顿下来的东西。

那些纠缠我们的东西也在寻求它的解脱之道。它想找回自己，然后离去。如果我们感到被幽灵反复纠缠，时间久了，我们也会变得像幽灵一般，想要游荡却不清楚到底为了什么。看着镜子，我们的面孔开始看起来像那尚未完全显形的生命。我们走进不确切存在的世界。像在万圣节假扮的精灵或半人半兽一般，我们在街头游荡，仿佛在无法定居的世界寻找居所，向主人索要礼物。全天下驱赶鬼怪的仪式都是相通的：邀请它们回家，帮助它们找到回去的路，请它们停止无休止的纠缠，不再打扰他人的生活，或停止夜晚在他们的房子里游荡。

当我们不再害怕，那些曾经不可触碰的东西再次变得真实、可触碰时，幽灵就不再纠缠我们了。尤其是，当我们理解了过去那些我们曾误伤的人、曾误伤我们的人，或我们未曾施以援手的人。原谅自己让我们变得真实，最真切的原谅是改变我们的行为方式，尤其是改变我们对曾伤害过的人的行为。对幽灵的恐惧，或对自己被阴魂纠缠的意识的恐惧，反映了我们从这个世界游离的程度。当我们放下那些原本就不属于自己的东西，重新发现和回到自己的生活，恐惧就会停止——即使我们有尘世的脆弱，即使需要再次面对被驱逐出意识的那些流离失所的事物，即使还不知道前行之路。当我们与此前不能面对的东西成为朋友，它们会变成引导我们面向未来的隐形的召唤之手。

当我们听从真正的召唤，就能驱逐错位的事物；当我们付出而不是等待被给予，我们会变得真实可见。我们在自身的生命中重新醒来，仿若初生，让此前的流离失所者得到安顿。那些群集在体内、渴望从隐形走向显形的事物开始说话。我们变得真实，开始活着。

心碎

如果心碎不可避免、无处可逃，

那么它可能也在召唤我们与之为友，

将它看作富有启示的伴侣。

心碎不可避免。当我们在乎某些无法掌控的人和事，对那些终将消失的事物深情难舍，心碎便是自然的结果。即使在最长久的婚姻中，也有许多心碎的时刻，只是每一次他们选择继续在一起。

心碎起于我们被告知要放手却不能的时刻。换言之，它每一天都在，活生生的，被反复放大。心碎无须刻意求之，即使最普通的人也必会经历。在爱的关系中，在贯穿一生的工作中，在学习一门乐器时，在塑造更好更慷慨的自我的努力中，心碎彰显我们的诚挚。心碎是爱与情感美丽无助的一面，与那种精神健将式、能快速而抽象地放下的能力一样，心碎是在乎的精髓与象征。心碎有其占据时间的方式，它以自己的美丽、考验耐心的方式来去。

心碎让我们成熟。但我们使用“心碎”一词，仿佛只有当事情出了问题它才会发生，比如一段不可再得的爱、破碎的梦想、夭折的孩子。我们希望心碎是某种可以躲开和防御的东西，一个可以谨慎留意并绕开的大坑。人们希望找到这样一条可以踏足的路径，在那里，我们能保持习惯的生活方式，避免所有其他人类经历过的失去。但心碎可能是我们生而为人的本质，因为在由此及彼的旅途中，我们会逐渐对沿途的际遇深深在意。

成年后希望避开心碎，这个愿望既美丽又讽刺性地孩子气。事实上，心碎如呼吸般无处可逃、不可避免，是必经之路，在个体面临的每一门严肃功课里都会如约而至。没有心碎带来的真实启示，就没有真正的生活。我们选择的每一条人生之路，都无法逃避“破碎之心”这一想象的“器官”——它盛起、破碎，我们不得不放下。从实际生理来说，每颗心最终真的会破碎，因猝发死亡或因身体其他部分提前停止工作时，心脏便不再能维持稳定的跳动。此外，心脏也会在想象或心理的感觉中破碎。要避开心碎，人几乎无路可循。一桩山盟海誓的婚姻，即使万事顺遂，也总会遭遇心碎的时刻。再成功的婚姻，也会有许多次心碎，二人才能继续相守；为人父母，不管我们对孩子的爱多么真挚，总有些对孩子的期望将破碎；一份认真对待的工作，常常让我们付出所有，即便是最能自我驱动与自我省思的人，倘若足够诚实，终会在存在的层面上感到失望。

意识到心碎无处可逃的本质，我们便可以不再把它看作路的尽头或希望的幻灭，而是紧紧拥抱那些我们渴望或将失去的重要事物。它是隐藏在我们与生命的关系中的DNA，即使它隐而不显，我们感觉不到，它也在塑造生活的外在形态。不论我们体验的伤痛是什么，它都能让我们脚踏实地，用我们所剩的心播下种子，或是感激我们曾经建造的东西——即使是站在它的废墟中。

如果心碎不可避免、无处可逃，那么它可能也在召唤我们与之为友，将它看作富有启示的伴侣；甚至因为它的深刻影响及后见之明，将它视为自身的奖赏。心碎教我们不要寻求另外的路径，因为没有可替代的路。它是我们所爱与曾经爱过的导言，一个无法回避却美丽的问题：某物或某人一直陪伴我们，而我们必须准备好放手，并且为那最后的放下一切做好准备。

帮助

人的一生需要帮助的境况从未真正改变。

帮助是我们奇怪地想要又不想要的东西，仿佛这种想法会困扰和模糊个人努力的边界，仿佛我们无法面对自己为了继续下去多么需要“帮助”。

人一出生就绝对需要帮助。正因为不断有人伸出援手，我们才顺利成长。成年之后，即使我们英明能干，仍需依靠他人去实现更多的成功与可能性。即使最孤独的作者也需要一个读者，最不择手段的歹徒也需要一个可信的副手，最独立的候选人也需要选民。

对帮助的需要不仅不会抛下我们孤独一人，而且，在人生的每一特定门槛，我们都必须练习它必要的不同形式。在不同的人生阶段，我们都在特定的时刻，需要以特定的方式寻求特定的帮助。即使在生命最后，离去时的尊严也有赖于他人的帮助来实现。他们如何诚挚地帮助我们，常常与我们如何诚挚地帮助他们相关。人生每一次转换的核心，都需要请求对的慷慨。

分娩在即当然意味着要寻求帮助：一个恰当的处所、助产士、医生、在场的丈夫或伴侣、迎接孩子的巢、抚养新生命的一系列工作。而新生儿需要的帮助更是无穷无尽：来自乳房的食物、夜晚抱着走动、换洗衣服、大量的哄逗互动。

不仅幼儿需要帮助，他们的父母也需要：需要他们自己的父母、别的孩子的父母，需要孩子的玩伴，甚至需要大量红酒相助和充足的睡眠。他们也需要对夫妻关系下一阶段有新的理解与想象。浪漫暂时中止了，生活变成了往返奔波；所有的手都被占用，而夫妻关系本身也需要一只援助之手。

但无论是否为人父母，在我们存在的所有阶段，总是必须一直寻求两种慷慨协助：有形的帮助，与无形的帮助。有形的帮助很实际，甚至是交易性的帮助，比如我们为一张床或一顿饭付钱，或花钱请人为我们工作。但也许第二种难以认清的无形协助，才是踏入未知的关键。虽然我们可能将其理解为来自天使或平行世界的介入，但也可以按日常的实际来理解：无形的帮助是我们尚不知道自己需要的帮助。它是我们始终没太准备好接受的帮助，我们所能做的只是塑造人格，等待惊奇，准备关注那将要在我们理解的地平线上出现的东西。

从呱呱坠地的第一天开始，人的一生需要帮助的境况从未真正改变。我们需要特别的照料护理，才能活过头一年；童年需要陪伴；青春期需要特别的情感支持与好运。此后，对帮助的需要变得幽微，它隐藏了起来。出于某种幻觉，我们似乎突然变成了能够靠自己独立生存的自由人，宇宙的角落能为我们提供它自身的答案。

也许，懂得求助的必要性的能力，构成了基本的人生驱动，让我们能解放自己，进入人生的每一个新阶段。懂得如何寻求帮助的关键，是如何提出请求。如果不理解在人生的每一个关卡都需要特定形式的帮助，如果缺乏一种强悍的脆弱性（不懂得示弱）而不去请求帮助，就无法迈过那扇阻拦我们进入人生新阶段的门。我们无法重获新生。

请求有形与无形的帮助，请求对的帮助并感觉自己是应得的——实际上，我们配得上这些援手——可能是人生转型的重要引擎。我们对帮助的需要是我们伟大的脆弱，可能也是开启人生下一阶段的门径。

当最后的时刻来临一如起初，当古老的门打开那最后的未知，将有某个声音试图帮助我们接受自己的消失，有手伸过来，帮助我们穿越那如降生之初一样神秘的地平线。

隐
藏

隐藏是一种自制，

直至我们准备好来到明处。

隐藏是活着的一种方式。隐藏是一种自制，直至我们准备好来到明处。几乎在大自然的每一角落，隐藏都是一种绝妙而深谙生存之道的表现：北方冰原的缄默，嫩芽在夏天到来之前的潜伏，雪地中熊的冬眠。隐藏总是被低估。在长成且准备好在这个光亮的世界首次现身之前，我们被藏在母亲的子宫，过早降临意味着我们亟需外部的特别监护。

善于隐藏，是未来更好地现身的保障，比如胚胎、孩子，甚至成人——我们也需要从困住我们的浮名中隐退，这些东西让我们太容易被看见、太容易被命名。

我们生活在一个解剖灵魂、急于揭晓的时代：我们的思想、想象、渴望被曝光太多、太快、太频繁；我们最好的特质被过早地挤进充斥着各种想法的世界，这些想法压制了我们对自我和他人的感知。真相总是起于隐者，它不求被我们思想中误以为自己无所不知的那部分理解。内在的宝藏隐退，不求闻达。

隐藏是摆脱他人误解的自由之举，尤其在这个被压迫性的政府和私营企业包围的世界中——他们一直在试图命名、塑造我们；在被完全命名、追踪的可怕控制下，我们无处可藏，更无法自发生长。

隐藏是为独立一搏——独立于他人，摆脱关于自己的错误观念，摆脱那让我们保持安全、配合因而彻底被管制的所谓“希望”。隐藏是对外部干涉与控制的美妙而创造性的颠覆。

隐藏让生命回到自己，变得更像自身。隐藏是激进的必需的独立，为了进入人类更光明的未来。

诚实

诚实度反映了我们回到现实的能力。

诚实是通过悲痛与失去之门才能到达的地方。意识、记忆与身体，那些我们不能深入的地方，也就是我们不能对他者、世界及自己坦白之处。一切有意或无意的不诚实，背后的动机都是害怕失去。我们害怕各种形式的失去，所有人，时不时地，都会被消失的可能性困扰或压倒，因此我们离不诚实只有一步之遥。每个人都会贴近他们惧怕穿越的真相之门，在那里停留。诚实与我们如何理解自己，以及我们和那些不愿听真话的人之间密切而必要的关系相关。

说出真相的能力，既体现于实际穿过真相之门，成为我们想成为的诚实的精神勇士，也体现于站在这扇门前说出自己如何顾虑与恐惧。诚实不仅揭示人生的一些基本真相，更能给我们力量去超越生活或他人乃至自我。诚实是朝未知说出脆弱的存在，承认我们是多么无力，承认我们是多么无知，是多么害怕不懂，承认我们面对再平凡的人生皆有失去是多么惊恐。

因为承认我们有多么无力，诚实被“钉在”谦卑的位置上，而实际上那是一种“羞耻”。诚实并非在于揭晓真相，而在于懂得我们对诚实做人有多么深的恐惧——那意味着彻底、无条件地成为无力的化身。诚实容许我们无知地生活。我们不知道人生的全部故事，不知道身处故事的哪个地方，不知道错的究竟是谁而谁又将最终承担指责。诚实不是防止失去与心碎的武器。诚实度反映了我们回到现实的能力；而在所有情境中，最难到达的地面，正是我们实际生活的地方。

在这活生生的呼吸的前沿，得失之间并没有现成可行的选择。

伊斯坦布尔

我们活于现在，

而我们所有的历史，甚至未来，

已经发生。

伊斯坦布尔如一座桥梁横跨于西方人的想象之中，是历史与文化的交会之处，异国情调与冒险小说的背景；它同时拥有两种能力：既是入口，也是关闭的门。但这座桥不通向任何地方，是疑问开始之处，也是终止提问的地方。

站在已终结的世界与一个未知世界之间的加拉塔大桥上，所有的感觉会愈加强烈。一边是太阳坠向熄灭的西方，另一边，暗红灿黄的月亮从东方的地平线升起。在已知与未知之间，伊斯坦布尔如真人般活着呼吸着。桥的栏杆处挤满了动作优雅的垂钓者，他们如排练好的合唱团，将长竿富于仪式感地甩过头顶，让鱼线掉进金角湾波浪起伏、船只穿梭的水面。我们知道伊斯坦布尔来自何方，却不知它要去向哪里。在伊斯坦布尔的南部和西部是特洛伊的废墟，在西方思想里拥有三千年的光环。沿海岸继续向南，是现代的度假村区域，接受了异质欧洲的入侵。当海岸线转向东边并扫过塞浦路斯的北部，它就全面超出了西方关注的范围。很少有西方人知道土耳其与叙利亚接壤。关于这个国家的腹地就更少有人了解。土耳其是西方人思想的边缘，伊斯坦布尔是一座拥挤的桥梁，通往一个西方想象中几乎不存在的中心。

伊斯坦布尔四周星罗棋布着新起的高楼，在夕阳渐衰的余晖中闪闪发光，未来似乎从四面簇拥、包围着那古老的伊斯坦布尔。这座城市的心脏在它迷宫般的街道与集市间跳动，高高堆积的香料、藏红花、姜黄，一捆捆艳丽的布料堆成的色谱，以及那金红、纯粹、黏黏的楔形蜂巢。

在体验过西方发达国家的种种防腐包装食物后，走在伊斯坦布尔的香料市场，我们被吼声、呼叫、吹嘘、热情、不情愿、乞求、恳请、欢笑等种种喧闹包裹。停泊于昏暗闪烁的水面上的船只，提供搭配新鲜炸鱼的面饼，摊位上袭来的种种色香味，令我们萎缩的感觉开始发芽开花。在大集市里，辫子般交织在一起的商街彼此相通。那一堆堆石榴、成堆的姜黄以及从商铺飘来的藏红花香提醒我们：我们永远不仅仅是一个东西、一系列感觉，不止有一个名字。我们是“君士坦丁堡”和“伊斯坦布尔”，甚至是“斯坦布尔”；我们将终生承载这生活的前沿，从过去到现在，如这座城市。我们是一百种生态之外的另一种生态，一个嘈杂聚会的地方，一座从直接感知的外部世界通向间接未知、尚未开口的内部世界的桥梁。我们活于现在，而我们所有的历史，甚至未来，已经发生。甚至当我们漫步街头，融入夜晚欢欣的灯光，日子奇怪地，不情愿地，已开始走向结束。

快乐

要感受完全且自由的快乐，

意味着变得完全慷慨。

快乐是汇聚之所，具有深刻的意向性与忘我性，是将我们的内在与此前似乎外在的事物交融的身体魔法。现在它不再是两者中的任何一个，而是活生生的前沿，一个我们与世界之间对话的声音：舞蹈、欢笑、深情，皮肤碰触皮肤，在车里歌唱，厨房的音乐，女儿安静而不可替代的在场。世界让人沉醉的纯粹之美，栖居于我们作为自身的部分与他人之间交汇的边缘。

快乐可能源自需要努力完成的艰难之举，也可能源自意料之外、不知缘由的仁慈之举。让我们惊恐的是，快乐也是我们与死亡的关系，是对向死而生的衡量。快乐是一种在我们被需要或请求之前交付自己的行为，是被践行的慷慨。

如果快乐是持久之爱的深层形式，它也是对存在之时间流逝、季节变换的朴素应对。我们所爱的稍纵即逝，应当被视为礼物；那些进入生命而又离去的，再也不会回来：脸庞、声音、记忆、第一个春日的芳香或冬天木头燃烧的火焰，父母临终最后的呼吸，这类事物在爱的存在与盛大离别之间创造出一个罕见的、原始美丽的边界。

要感受完全且自由的快乐，意味着变得完全慷慨。让自己快乐起来，就要穿过恐惧之门，放下焦虑、忧心的自我，充满感恩地面对死亡、消失、放弃。快乐的弱点是它总是即将失去，我们在友谊的笑声中所听到的，会突然让这种脆弱变成力量、安慰和源泉：在鲜活的对话中赢得我们的一席之地，享有在一座山、一片天空或一张可爱的熟悉面孔面前纯粹的特权。我在这里，你也在这里，我们一起构成一个世界。

孤单

在万物的尺度上，

孤单是一种荣幸。

孤单是通往尚未言明的欲望的门径。由孤单而生的身体之痛，是理解我们离真正的友谊、合适的工作或长久寻找的爱有多远的第一步。孤单可能是一座监狱，我们从这里望向那不能居住的世界。孤单可能是身体之痛，是艰难的苦修，但彻底的孤单也可能变成请求与邀请的声音——召唤我们渴念的美好未知的人或物。

孤单是生出勇气持续召唤的状态。彻底的孤单将走向它美丽的反面，变成回应召唤的远方的地平线。

在万物的尺度上，孤单是一种荣幸。人类感受孤独的能力是别的造物所没有的，智力与想象又放大了这种能力。动物可能会以本能的方式感到孤单，自然而喜悦地靠近同类，人类却是唯一的一种生命——能表达、想象或召唤某种特定的他们认为可能错失的生活。

孤单是归属感的基石，将我们拉回家的引力场，在其孤立的美丽之核中，有伸向亲密关系的手。当我们感觉到完全的孤单，意味着可能理解自己作为孤独化身的某种真相；以孤单为友，让自己做好练习，在此基础上邀请他者。感到孤单，是直面我们生而孤独这一不可避免、难以言表的真相。但孤独可以亲吻，可以创造对话、发出誓言或锻造共同的生活。在世上或某个社区里，这种本质的孤单让我们通过想象、智力与思想与他人组成社会。

孤单不是一个概念，它是身体的星群，想靠近甚或与其他星体交融——通过身体的接触，通过对话或智力与想象。

孤单是我们开始真正关注自己之外他人声音的地方，孤单让我们发现他人对我们的治愈之力。邮件里短短的一行，也能疗愈，鼓舞，欢迎归家，让最孤单的人重焕生机。孤单的人之所以孤单，是因为人们天生需要归属，孤单让心灵的归宿成为可能，而它的门径比我们以为的更近。我孤单，因此，我归属。

渴望

如果没有危险的锋刃，

渴望便空无一物……

渴望是孤独的变形，是一个人不设防的秘密内核收到来自月亮、星辰与夜晚地平线迟来的邀约，是生命与爱的潮流汹涌。渴望是神圣的不满，是难以忍受现在，因而寻找那通往可怖、鼓舞、羞辱与召唤的惊叹与发现的入口。渴望催促我们开始灵魂的朝圣之旅。它从身体的中心延伸而出，像心不在焉的邀请，像扫过的彗星之尾，无休止的疼痛如潮汐拉扯，让我们甘愿放弃按揭的房子、完美的家与积攒的全部家当。

渴望是通过身体的镜头与疼痛被感受到的。它放大并拉近地平线，仿佛地平线既远在一生的旅程之外，又在某个未知的核心深处；仿佛我们回到了美丽熟悉又充满陌生的家。

在对浪漫之爱的渴望与拥有中，我们的身体仿佛被借给了对方，他（她）从遥远的某处接管了我们的感觉——我们认不出自己了。

渴望召请一种美丽而明智的羞辱，要求自我的贬低，奇特的是，要求放弃内在核心的控制，却得到周围崭新的凝视目光。内在原本坚固的身份被刺穿、伤害、侵犯和遗弃，进入未来，仿佛随波逐流：就像摩西躺在他顺水漂流的摇篮里，被尼罗河的芦苇推撞；像一个孩子迷失在恐慌的人流中；像一只被吓住的小动物，被老鹰攫到空中。

渴望有自己的秘密和未来的终点，有其自身从内部呈现的季节性。它在我们身体里发芽，从核心开始成熟；就好像我们被放进内在一个很远的地方。渴望带着它自己的秘密时间回到未知的起源，漠视我们的意志，与此同时，我们被赋予一种亲近的感觉，对爱人，对未来，对转变，对我们自己想要的生活，对环绕我们的美丽的天空和大地。

如果没有危险的锋刃，渴望便空无一物，那锋刃在释放我们的同时，也会割伤我们。它吸引我们，正因为人需要引入某种恰当的危险。本质上，我们来到世间就是以身试险，我们对他人而言是一种邀请——我们注定要为某件对的事、某个对的女人或男人，为儿子或女儿，为对的工作，为一种无畏艰难的天赋，而让自己面对危险。在渴望中我们行动，持续行动，从已知但抽象的别处，走向一个美丽、即将抵达、想要拥有的某人、某处或某物。

成熟

成熟召唤我们去历险，

如同我们在不成熟时所做的那样。

成熟是不论在怎样的环境中都能一视同仁地尽情生活的能力，尤其是那种不论遭遇多少悲伤或失去，仍能充满勇气与过去、现在及未来共存的能力。源自成熟的智慧，体现为一种自觉的拒绝，拒绝在构成人之身份的三种力量——已经发生者，正在发生者，将要发生者——之间选择，或将三者彼此孤立。

不成熟的表现是做出错误的选择：仅仅生活在过去，或仅仅活在当下，或仅仅生活在未来；或者是，生活于三者中的两者。

成熟不是抵达某个静止的站台，不是透过平静的智慧绿洲去冷眼观看生命，而是变动的边界，处于已发生与正在发生的结果之间；起初你想象能重来，然后活成了等候的未来。

成熟是那些基本边界的瓦解。在生命不同阶段之间，在生与死之间，在我们自身的不同部分之间——作为正直好公民的部分与带来伤害或破坏的黑暗无助的部分之间。成熟是这些潮汐交汇，将我们的生活打碎的时分。它从我们的懊悔、自我观照和原谅中重生，通过彻底改变我们的行为去实现未来。真正的成熟要通过真正的沉默，通过日常的沉默训练，通过对辽阔的体验，通过根本性的放手。成熟是放弃与放手的训练，去看看所剩的是什么，哪些才是真的。

成熟召唤我们去历险，如同我们在不成熟时所做的那样。但现在是为了更广大的图景，在更辽阔的视野中，是为了将我们内在的品质化为慷慨有力的外在行动，而非为了获得或赢得让我们变得渺小的东西。

此前我们的不成熟状态，会继续招引我们，会以这种或那种形式提供虚假的天堂、虚假的解释、虚假的安全（隐匿于过去或当下的隔绝之中），或对不可知未来的确定预见。成熟也在召唤我们，要求我们变得广阔生动，充满洪荒之力，而非一意孤行、逼迫自己。在我们有幸继承并栖居其中的故事与即将发生、令人惊奇的故事之间，有一种活泼的直觉对话——只要我们足够宽阔，足够灵活，在此时此地足够投入。

记忆

记忆创造与影响着未来发生的事。

记忆不仅仅是“现在”所回忆的“那时”，过去也从来不仅仅是过去：记忆是穿越所有过去生活的脉冲，是一种波，连续不断的“当时”变成“彼时”，所有的“当下”连续生成，而“现在”几乎不可触及。现在流行的对“活在当下”的迷恋，误解了存在之多重性与连续性，即所有年代平行地活着与呼吸。

不论是宇宙中第一批氢原子出现时那个划时代的时刻，还是透过青春期对长大成人的惊鸿一瞥，还是我们抱第一个孩子时那原始的身体印记，记忆如正在建构的音乐波形，穿越个体的生命，持续不断地成熟。它常常不稳定，有时又过分强烈。每个人都拥有传承这种脉动的力量，根据我们现在身居其中不可触摸的方式，掌握着它，然后使它加速。记忆是去向生命源头的邀请，让我们更尽情地投入现在，通向即将到来的未来，但最终是将三者融为一体。记忆让当下成为可以完全栖居之地。

人类记忆的天赋，首先通过体验生成，然后根据我们最初决定记忆时所栖居的身份形成，之后向外发散，最后连同它未来所有可能的结果一起发生，并与那个记忆的人一起改变。实际上，我们将记忆当作生活的入口，当作选择、意愿与想象之地，一个在此分叉的未来的路口——更准确地说，我们依据自己如何解释，活出所继承的故事。我们可能被那将我们带到此处的潮流淹没、伤害或退缩，甚至可能在记忆中淹灭和消失；或者我们可以编织一层茧来隔绝和保护自己，随波逐流；但也有其他更有趣的可能，在某种意义上，记忆是我们生而为人所抱持的对话。完全投入的记忆让人头脑更清明，会在曾经、当下与将来之间建立活的联系。当阿兹海默症或中风夺去我们的记忆，我们便失去了自己的人格特征。记忆是通向个人自由的活的链接。

通过对继承之物的真正凝思，我们开始理解，记忆创造与影响着未来发生的事，它与我们缺乏想象地称为“过去”的东西没多大关系。我们可能回想起古希腊世界，在那里，记忆被理解为缪斯之母，意味着她九个想象的女儿，她们是古希腊人想象中人类九种形式的创造性劳动——直至今天仍被个人和社会所渴求的这些能力，都出自记忆的身体与子宫。

命名

理解身上发生了什么或还将继续发生什么之前，

爱已经以许多方式命名了我们。

给爱过早命名是人生中美丽而残酷的事。我们多数的心碎，源自试图说出我们爱的人、事物，以及爱的方式，在脆弱的探索之旅中还为时过早。

开始时，当我们把自己奉献给一个人、一份工作、一桩婚姻或一项事业，我们不可能准确地知道自己到底卷入了怎样的爱。在惊喜尚未完全长成之前，当我们要求一种确定、具体的对等互动，我们会发现自己常常失望、感觉被剥夺；而在这种难过里，可能错过了某种实际上可能成功的爱——只不过它最初不符合我们过于具体的期望。感觉被剥夺，我们将自己视为对爱失望的人。那骄傲的失望，让我们看不到自己缺少投桃报李的互动；或者，当时的情形其实是种邀约，去让那尚未明确形式的喜欢更深一步。

爱的行动本身，是一条谦卑的学徒之路。在其布满艰难的路程中，我们不仅会发现种种谦卑与放低身段的美丽，而且奇异地，会穿过其凶猛序章及那么多令人惊讶的不同形式——其间我们不断被要求以不同方式违背意志做出让步，虽然并不准确地知道那神秘的礼物将会以何种方式、于何时回报我们。

我们命名主要是为了控制，但那值得爱者并不想被限制在狭隘的界限里。在我们开始回应之前，在我们能说出对的话语，理解身上发生了什么或还将继续发生什么之前，爱已经以许多方式命名了我们。这是在邀请我们去修炼最困难的技艺，去爱，而不做任何命名。

怀旧

怀旧并不是放纵。

怀旧是从动态的过去传来的波动。它被最终准备好与实际发生的一切达成妥协的意识和身体重新记起，并被重新想象。怀旧会颠覆现在，以其压倒性的与某人或某地的物理关联，比如想起生活过的某一个时段，或与我们共同生活过的某个人。这种颠覆让我们疑惑：在过去与现在的交会处，那些介于中间的岁月曾存在过吗？怀旧感觉起来可能像一种放纵，一种病态，被超越的力量淹没；奇妙的是，那力量一直与我们共生，在我们体内。

怀旧并不是放纵。怀旧告诉我们，我们已来到即将揭晓的启示前，当下那由旧有记忆方式维持的结构将被打破：我们曾以为懂的事情，现在我们将彻底理解；有些东西曾经活过，但未曾尽情活过，它们并非来自未来而是来自已有的经历；某些事曾很重要，但我们未曾给予足够的重视；某些事物现在想要重新来活，在它最初邀请我们的深度上，只是那时我们拒绝了。

怀旧并非沉浸于过去。怀旧是我们所知的过去正在走向终结的先声。

疼痛

疼痛是一条孤独的路径，

没有人能知道我们那特定的痛苦有多痛。

疼痛是通向此时此地的入口。身体或情感的疼痛是实在的终极形式，实际上，对我们每个人来说，此处之外别无他处，此体之外别无他体，除了这难以逃脱的煎熬，此外没有其他肢体、关节、痛苦、尖锐或心碎。疼痛要求我们去治愈，不仅通过关注疼痛之处，也包括疼痛被感受的方式。疼痛是警觉与特殊性的一种形式，疼痛是一种介入。

反复的疼痛让人什么也做不了，倍加虚弱，因此它让我们重新认识处所、时间及存在本身。在深深的疼痛中，我们只能竭尽全力将能量投入到所做的事上，并只能在一个狭窄的范围移动——无论隐喻还是现实意义上，从系鞋带到和在所爱者组成的亲密关系圈中进行充满鼓舞的简要对话。疼痛教我们更好地节制，关于运动，关于内心的爱，关于对自己的要求，最后，关于对他人的要求。

疼痛加诸人美丽的贬低，让我们自然而然地变得谦卑，迫使我们丢下伪装。在真正的疼痛中我们别无选择，只能学会求助，而且每天都是如此。疼痛告诉我们，我们有所归属，不能永远独自或孤立生活。疼痛让我们懂得回报。在真正的疼痛中，我们常常除了感激之情外无以为报，只能挤出也许扭曲的微笑，和伸出援手的陌生人建立短暂的友谊。疼痛能引来真正的友谊，它检验我们拥有的那些朋友，也让我们得以结识那些意外提供帮助的新朋友。

疼痛是通向真正同情心的良好的第一步，它是懂得所有在生存中挣扎者的基础。亲身体验真正的疼痛后，我们的道德优越感会消失。我们停止催促别人跟上计划，跟上行动，或做得更好，而是开始寻找每个人都在努力克服的某种可见或不可见的虚弱。在疼痛中，我们突然发现自己懂得和同情一些东西，明白了为什么别人很难做到。

奇妙的是，聚焦于身体难熬的疼痛，会唤起更开阔的思维方式与更大、更丰富的幽默感。由于这种开阔的方式，真正的疼痛离真正的笑声从来不远——笑我们自己，笑另一个旁观那自我的人；笑自己的窘境或已成日常的身体的荒谬状态。疼痛让日常生活变成戏剧：我们的身体或存在被牢牢地钉在舞台上，置于聚光灯下，我们别无选择地被他人旁观——身体这样或那样弯曲着，在这里跛行或在那里斜靠。

最后，疼痛是感激，首先感激的是无疼痛的生活，这单纯的可能性与礼物——疼痛之外的其他部分都是奇迹般的奖赏。处于健康中的人不懂得这是天赐，他们自由移动、行走或奔跑而无所察觉。疼痛是一条孤独的路径，没有人能知道我们那特定的痛苦有多痛，但通过疼痛我们可能，仅仅是可能，开始去懂得他人，如同我们经历那么多困难，那么多痛苦之后，开始懂得我们自己。

平行

在表面的生活之下，

潜藏的深流等着我们。

平行并非我们所想的那样。除了在数学思想里或作为一个被取笑的概念，平行并不真正存在。如果说现实世界中任何东西都很难真正沿着直线移动，那么想想两个东西一起沿着两条平行直线移动的“不可能性”吧。在人的想象中，平行世界并非对我们所生活的世界的复制，或与它正好相反，而是一个沿其他许多可能性与维度转折与流动的世界，始终与其投射的世界相伴随，并以某种方式与之相参照。平行的人生与衍生它的本体人生同样不可预测、充满不确定。

当我们谈论平行，我们也在谈论伴随的可能性，像没有被选择的生活或伴侣，另一种不确定的人生影响着这确定的习以为常的人生。如同对现实人生所做的那样，我们推动那平行人生的发展，随着岁月流逝，我们与那未选择的路或未追求的人之间的关系也在改变，如同我们与所选择者的关系也在变化一样。在许多临终病榻上，那未被选择的路往往比实际所选择的更真实、更突出；那被放弃的男人或女人，远比一起尽责地生活了多年的丈夫或妻子更真切。

这里也有一个深度的问题：我们可能走上了某条路，但仅仅是半心半意，没有坚定的信念、牺牲、勇敢或真挚。在表面的生活之下，潜藏的深流等着我们，如同一个邀约与一种责备，如从崖壁上看见的大海：另一种生活，在告诉此间的生活。一方面，当我们意识到此间的生活中有另一种生活多么强烈的呼吸，会激励我们更大胆、更深层地投入；另一方面，如果它走远而成为抽象之物、羞耻之源，成为不敢一过的生活，成为未曾活过的、被误解的生活，那么不管它在我们耳边有多少秘密低语，我们也从未把那平行的生活真正引入自己的世界。

朝圣者

人生是相逢、交会而后动身离开的

永不停歇的过程。

朝圣者可以是给予每个人的词语与头衔，至少可以暂时作为对他们本质的准确描述：沿途相逢或挥手路过的陌生人、某个被撞见的行色匆匆的人、某个正在赶往别处的人，你可能永远不清楚他们的目的地和道路哪一个更重要。在朝圣者名下的某个人，可能并不明白自己从哪里来要到哪里去，许多时候也不知道下一口面包来自何处；他是一个依靠陌生人与沿路相逢者的帮助而活着的人。

根据定义，朝圣者走向地平线之外的地方，几乎是去到海外一个即将发生启示的世界，在那里某些事情总是将要发生或显现，其中包括从世界消失的可怕而奇怪的预演，作为他们终点的一部分。

人类走向成熟的朝圣之旅的重要体现是，越来越懂得我们将在眨眼之间度过一生。我们有眼睛可看、有耳朵可听、有嘴巴可说话、有胳膊可以拥抱所爱的荣幸不会久长，我们只是过客。我们是通过相逢、交会然后继续前行而变得真实的造物，我们说“你好”，也说“再见”，奇妙的是，永远无法只选择其中一个。人生是相逢、交会而后动身离开的永不停歇的过程：从那让我们变得更大更强的转变，到那让我们由消耗者变成被消耗者的转变，从看见到半盲，从用一种声音说话到倾听另一种声音。

在现实那钻石般坚硬的核心，决定性体验是那作为美丽而可怕的邀约的永恒变动：召唤我们从这里移动到那里。充满勇气的朝圣人生是能与永不停歇的潮流和季节性变换相称的人生。奇妙的是，静止是唯一适当的实际准备，才能在变动里自主。我们如此频繁地移动，以至我们总是下意识地谈论内在与外在的目的地；沿途我们感觉自己就是一段旅程，既是路上的行者，也是那个已到达的人。我们在家里忙着打包行李，但即使在准备时，我们就已经去而复返。在旅途中我们是孤独的，但我们即将遇见那些已认识多年的人。

但如果我们全然是移动、交换与结识，拒绝前行会让我们变得不真实。我们也是雇佣工，不可遏止地需要在沿途访问永恒的当下，让我们的技艺、经验、声音与出场得到善用。当我们旅行时，我们想要有归宿，有用武之地。我们是移动的生物，但在流动中我们有不变的东西：自然的基本的天性，人们随物赋形为它们赋予名字、声音与性格。我们接纳那第一股冒着气泡的清泉，然后因汇流而宽广，在与它们的对话中成长，直至汇入大海。

我们将自己献给终点，进入枯萎与最后的到站仪式，虽然并不真正知道另一边有什么，是否能以任何可知的形式继续存活。奇妙的是，我们沿路到达最后的变换之所，也正是我们有机会真正去懂得是谁一路行来的地方，去感恩我们有幸作为一个特定、不变的个人，作为一个整体的轨迹及其本身而活过。

从这种角度来说，虽然我们是旅人，但信仰、可靠、责任，以及在些难以言表之事上保持真实仍然可能。在这永不可重来的旅程中，我们能抱持宝贵记忆的同时，结合熟悉却惊奇的现在，再加上不可思议的未来，我们会变得更好，成为更忠诚的伴侣、真正的朝圣者。

拖延

拖延让我们能浅酌不情愿之事的味道。

拖延并非像它看起来那样。那些表面看似拖延、缺乏投入甚至懒惰的表现，更可能是需要通过时间慢慢成熟，以及我们现实中下定决心去努力尝试的内心挣扎。憎恨我们的拖延倾向，某种意义上就是憎恨我们与时间本身的关系，就是没有静候时机成熟，没有静待酝酿，必然挣扎的内心和想象还没对应上实行的时机，还没水到渠成。

如果仔细探究，会发现拖延是美丽之事，就像一位耐心、友善的朋友，以及真实模式的揭示者。我们会在内心惊讶地撞见和发现：比如，作为一个写作者，在一本书被写出之前，大多数无法写出的方式必定在脑海里先行试过——面对空白的屏幕，在空白的纸上，或凌晨 4 点盯着卧室的天花板。拖延让我们能浅酌不情愿之事的味道。

一个作品如果没有经历过拖延、误入歧途、偶尔毫无进展，贯穿始终的自我怀疑，如果没有某种程度的心碎，那它就只是一时的琐碎小事，将被一扫而过，丢在一边。值得花费时间的东西包含创作者写入其中的挣扎，只不过被锻造成心得的样子。

拖延帮助我们从不情愿中学习，去理解起初那狂热想法的潜在暗面，去了解在创作中我们究竟害怕什么。将弱点投入作品之中，使之成为让人满意的活生生的整体，而非在当下试图操控我们的表面之物。

拖延不会阻止一个项目完成，阻止我们的是放弃初心，因为没有领会自己之所以拖延的核心原因，也没有让不情愿背后的真相引导我们前行。拖延是投身于比我们的想法更宏大的事物，拒绝满足于一开始普通的结果，而是像雅各一样与天使摔跤，正如如里尔克所言:“胜利不能诱惑那男人。这是他的成长方式，通过被打败，那么决然，面对越来越强的存在。”

懊悔

充分的懊悔是懂得，

即使在平凡的人生中，

也充满了风险。

懊悔是一个简短、唤起回忆、让人心痛的美丽词语，是献给失去之可能性的挽歌，哪怕只是简短的声明。很罕见，它几乎从不被听到，除了有人坚持说他们从不懊悔，他们勇往直前，无法想象自己的生活除现在之外还有任何其他可能。承认懊悔，是理解我们会犯错，理解世间存在一种超越我们的力量；承认懊悔，不仅意味着对艰难的过去失去掌控，也是对现在失去掌控。然而奇怪的是，承认自己真挚而持久的懊悔，竟是我们当代未说出口的最大罪过之一。

真诚懊悔的稀缺，可能要归因于当代对年轻人视角的强调——年轻人不太可能也没有兴趣进行真实、有益的懊悔，因为体会懊悔的深度，不让懊悔压倒或削弱我们，而是让它引领我们与未来构建更恰当丰盛的关系，是需要经过努力才能获得的成熟。除了像错过某种潮流、伤害他人、拿走不属于自己的东西诸如此类一时的感受，年轻人还没有为那种丰富、持久、汹涌的懊悔做好准备，那懊悔会穿越与鼓舞一个成熟的人生。

事实上，真挚的懊悔可能是一种关注未来的能力，我们错过了一种浪潮，但能感知一股新的浪潮，能让我们虽然忽略了儿子，但与孙辈在一起体验永恒。充分的懊悔是懂得，即使在平凡的人生中，也充满了风险。

充分体会的懊悔，让我们的眼睛专注而警醒，朝向一个比我们的过去更好的未来。

休息

休息不是自我放纵，

休息是准备做出自己最大的努力。

休息是我们爱做之事与所爱的状态之间的对话。休息是给予与接受的本质；是一种记忆的行为，想象的或理智的，心理上的与生理上的。休息是放下已经疲累的意志，那意志曾是努力的主要动机，它需要不断通过向外构建目标来奖励自身。休息是停止担心与烦恼，是放下那种觉得世界不对头除非我们出来纠正的念头。不管是实际上还是作为比喻，休息是后退，是从外在的目标转向内在的目标，而且不是静态的靶心——一个想象的完美静止状态——而是一种自然交流的状态。

休息模式是身体呼吸的自然交换，自主的吸气和吐气，构成生命的基础与样貌。当内在与外在之间进行活的交流时，我们得到休息；当我们在想象的潜能与它们在世间成真的可能性之间展开有趣对话时，我们得到休息；当我们任物自然、任自己独处，做最擅长之事，如身体想要的那般呼吸，如我们所该的那般行走，随着房子和家的节奏生活，在做饭与清洁时吸气与呼气，我们得到休息。当我们以自在、基本的方式呼吸吐纳时，最接近本真的自我；当我们最放松时，最接近那本真的自我。休息不是自我放纵，休息是准备做出自己最大的努力，而且，也许最重要的是，到达某处，能理解我们已被给予了多少。

休息刚开始的感觉是停下来，放下我们一直在做的事。然后是一种慢慢回家的感觉，回到身体里那不受胁迫与欺凌的自我，仿佛努力回忆起路线甚或目的地。在第三个阶段，是治愈与自我原谅的感觉。进入第四阶段，在呼吸交换的深处，是给予与接受、祝福与被祝福，以及两种喜悦并生的能力。第五阶段是完全接纳与在场的感受，悦纳世界及其一切可能；参与其中，内在和外在交会，获得与回应同生。

深切休息是想象力的充分完成，一面感受到我们外在不同形式的具体工作和关系，一面由呼吸本身这个礼赞获得滋养。以这种视角，在为客人准备一顿精心的饭菜时，在攀登最高的山峰或坐在家中被亲爱热闹的家人环绕时，我们也能得到休息。

通过休息，我们为迎向世界做好了准备，却不被它挟持。休息时，我们重新以对的方式关注对的事情与对的人。放松之下，我们重新确立目标，我们更加慷慨，更加勇敢，更像一个邀请，成为我们想记住以及其他人也想要记住的人。

强健

为人强健，意味着去尝试，

冒险超越自己固有身份的界限。

强健这个词表示健康，不论心理还是生理上；是精力充沛地迎接世界的能力。强健是指在身体或想象力上与同样强壮的某物或某人坚定地同在。保持强健意味着我们认识到自己之外丰沛的激流。无论是摔跤比赛中的肢体接触，教室里思想交锋，还是厨房里伴侣的争吵，强健是处在活跃对话的前线。若不强健，所有的关系都将被其脆弱性规定，开始凋谢与死亡。为人强健，意味着去尝试，冒险超越自己固有身份的界限：超越我们的思想或自私的边界。强健与脆弱同属一体。强健是愿意接受随之而来的伤害，忍受暂时的疼痛、噪声、混乱，或系统暂时被毁坏。强健意味着我们可以在坚守目标时，能向路线的旁边偏离。强健是养育的本质，对孩子或思想都是如此。

对强健的反应中总会有羞辱的可能性。但强健也是一种信念，相信无论如何我们都能经受住激烈交锋的冲击，虽然可能不是以我们习惯的方式。

强健的缺乏意味着心理或生理上健康欠佳，它也会自我强化。我们与身体、自身节奏或生活方式之外的东西接触越少，就会越害怕现实的噪声、交会以及变化。走出家门，再次面对这个世界，就是从孤立中，从悲伤中，从疾病中，从伤害我们的力量和创伤中治愈自己——这创伤让我们作茧自缚，故步自封。重新变得强健，意味着抛弃那些曾让我们不敢冒险的借口，在与世界的交锋中发现自己再次复活。

奇妙的是，强健要求我们在喧哗中找到一个平静的中心。安静使我们能在喧嚣中保持欢喜，面对不公时保持公正，面对攻击时保持平静。我们也在这个安静的中心找到深切在场的基础，与现实进行更宽广、多背景的对话，我们就像处在一个充满爱、混乱又幸福的大家庭中，有欢快的针锋相对和尖叫甩门，寻求和平与安静的时间，接着再迎向下一次争吵。当我们的外部存在被磨损，就必须找到另一种形式的内部存在，让另一种强健带我们度过这一时期。多数的人生不得不强健，选择软弱便如同隐形。

罗马

虽然我们有过阳光下的黄金岁月，

但只有作为美丽的废墟，

我们才被最好地懂得。

消失是一种永恒，仅从这个意义上来说，罗马永恒。八月的下午，这座阳光炙烤的城市是一个鲜活的见证，证明没有事物能以它起初被建造或理解的形式永存。朦胧闪烁的灯光如夜晚的第一句邀请，古罗马广场和竞技场的废墟如剪影般矗立，错落有致；后方地平线上，圣彼得大教堂的穹顶被太阳最后的金辉照亮——太阳落下的这座城市，始终生活在已逝者最后的光辉中。在罗马，我们只能从即将的逝去里进入现在。

罗马是以每一个当下的瞬间对过去做出的一系列解读。在这座壮美、盛况空前、权力与帝国之城，梵蒂冈和大竞技场的精神的唯物主义找到了它们暂时的体现，展现它们的辉煌，然后消失，或将要消失。人的种种观念及努力展现其最完全的形式，沦为美丽的废墟。

恺撒大帝的雕像站在灼热的石街上，映衬着天空，大理石的手指着那永不会到来、也永不可能过去的未来。实际上，这座永恒之城是对人类奋斗之虚虔的最高礼赞。当下所想象或梦想的，永远不会如我们所愿那样发生，事物历经风雨侵蚀，氧化出铜绿，人们登场又消逝后，才展现它们完全的美丽。人类生活中持久的是日常对话，发生在我们抽象欲望纪念碑的阴影之下。

俯瞰这座幸好并不永恒、正在变暗的城市，穿行于那么多过去的衰败消亡，这种荣幸让我们对现在与可能的未来的讨论变得格外美丽。当时间的大美之手将万物布置成多层次、让人满意而非特定的样子，我们那些过于具体的愿望仿佛也被原谅了。万物都在低声诉说：虽然我们有过阳光下的黄金岁月，但只有作为美丽的废墟，我们才被最好地懂得，这可能才是我们最独特的样子；当我们在离开与逝去时，才最真实。

只有成熟之后我们才开始明白，无论构建怎样的思想及身份的堡垒并骄傲地向他人展示，无论试图在身后留下怎样的成就的纪念物，我们都无法知道别人会如何看待，会怎样记得我们。无论我们最终能否造访意大利，能否漫步在这座帝国城市夜晚的街道上，只要我们活得够长而获得这样的远见，我们所有人都能在死前看见罗马。

逃跑

当我们认识到永远无法摆脱内在对逃跑的需要时，

我们会变得更明智，更投入当下，

更成熟，也更能谅解。

逃跑是多数人在许多时候都想做的事。它是“战-逃”（fight-flight）反应中的“逃”，“逃”在我们的身体或过去中；它是一种自我保护，是进化机制与深刻在人体内的生物学记忆，曾帮助我们的祖先幸存下来并传承给今天的我们。

想要逃跑是人的本质，它通过选择的改变来改变任何坚持。无论是从环境、婚姻、关系或工作中逃走，都是对话的一部分，它能帮助我们理解自身的不情愿所反映的纯粹天性，让我们更深刻地认识到我们在面对现实时遇到的困难。

奇妙的是，当我们的一部分不想待在此地或不知如何待在此地时，这时的我们大概才是最完全的人。也许只有通过充分理解我们的不愿在场，才能充分理解与实现我们的在场。理解我们的一部分不愿去处理那些必需的工作和关系、做被要求做的事，就是学习谦卑，培养同情心，同时激发那重要的幽默感——它让我们更宽容地看待自己和他人。

想逃跑是必要的，实际上，关键时刻的逃跑能救我们一命；但它也可能极为危险与不明智，当遭遇的动物比我们更大、更快、更敏捷，逃跑的行为激起追击时尤其如此，或者当逃跑是让我们失去那成熟与淬炼的良机时尤其如此。在野外，对危险情境的最佳反应常常不是逃跑，而是全神贯注，关注那些可能的威胁，先别把自己当成猎物。

通过匹敌凶险的环境，我们使自己变得比想逃跑的那部分自我更强大，但也不会失去对何时适合逃跑的关注。另外，很少有孤立的个体需要逃跑——我们的内部与外在有许多不同的支持者。我们不仅仅是那多层自我的保护者，也是家庭与社区、孩子、弱者、暂时失去能力者，或那些仅仅观点不正确者的保护者。我们决定不逃跑，不仅因为有许多不如我们跑得快的人会被甩在后面，还因为，当我们转身面对恐惧的源头，我们会发现一条不同的前行道路，一种更大的善，我们从中穿越，而不是逃向没有任何威胁的安全区域。

我们凭直觉知道，多数时候我们不应逃跑，而是应该留下来寻找另一条前进之路，尽管进化是必要的。虽然逃跑很少是好事，只有极少时候证明了这种情况，但当我们认识到永远无法摆脱内在对逃跑的需要时，我们会变得更明智，更投入当下，更成熟，也更能谅解。

自知之明

达到完全的诚实与自知之明，

这种愿望是一种虚构与妄想。

自知之明并非完全可能之事。我们并非栖居于一个可从任意有趣或想要的角度抵达的身体、心灵或世界中。心灵或意识里的事物一半是潜在的可能性，栖居于无法言说、尚未成形的黑暗中。这隐藏的、未说出口的一半可能会颠覆我们对自己现有的任何认知。

人类是——也将始终是——已知者与未知者之间的边界。任何将未知转化为已知的行为，都将引发相应的未知流入而重建边界：重申个体生命内心深处未知的地平线——那让我们成为自己的活动边界，一边是已知的自我一边是将要成为的自我。无论是我们真正会变成的样子，还是我们害怕会变成的样子，永远凌驾于我们自认的样子。

达到完全的诚实与自知之明，这种愿望是一种虚构与妄想，是集体教育体系的话语与目标在我们人格深处所施加的影响，而在那里组织语言的命令却并不管用。

自知之明包含着这样一种认识：我们想要了解的自我将会消失。我们真正能认识的是我们在已知与未知的边界栖居的方式、进行生命对话的方式、在那边界所截取的形象，但对自我进行细致的审察却不可能，也将削弱我们构建它的努力。我们是在更大的尺度上被造就的，一半恐惧我们自己，另一半则爱我们无以命名的无限。

自知之明常常与透明混为一谈，但对自我的认知，始终是对自我已知与未知两部分理解的合流；是各种基本元素的交汇，包括世间其他无数的自我，而不是一套能被发掘、测量和塑造的商品。自知之明不是清晰或透明，知晓一切如何运作；而是全心投入与未知的对话，是谦卑与感恩，是参与带来的某种荣幸；是渐渐懂得我们进行生命对话的方式。最后，也许至关重要的是，体会到世间是具体存在而非虚无这一奇迹，而我们恰恰是这存在的一部分。

我们所赞美的个人的诚实与透明，实际上是学徒式的谦恭之举，对自己、对他人、对生活，对下一步都极度关注，他们也许能做好，也许并不能；是某个人并不知道全部答案，但尽其所能地去了解自己及旅程的同行者；与其他人一样，他想知道他们及他们的社会将会变成什么样。我们既非自己所以为的样子，也不完全是将要成为的样子；我们既不是纯粹的个体，也不完全是社会的产物，而是变化着的行动，永远不被一套虚假的命名系统所束缚。尽管我们需要在世间力争上游，找到一个位置，但自我的真正基础并非自知之明，而是一种忘我；当与最初想了解的自我之外的某个东西相遇，它才会发生。

阴影

阴影无所谓好或坏，

它只是不可避免。

阴影不是孤立存在的，它由真实的物体投射。我们可以说一个人被他的阴影压倒——哈维·韦恩斯坦（Harvey Weinstein）被他的性丑闻，理查德·尼克松被他唯我独尊的权力，一个国家被它的傲慢自大——但阴影是被动的，它不过是光的缺失，是人自身轮廓所赋予的形状。阴影由存在赋形，而存在先于我们的缺陷与缺席。改变我们自身的形状，就能改变我们所投射的阴影的形状。变得透明，就是一个人的阴影完全消失，这常常是我们在精神上抽象的愿望，实际上没有人能做到——改变那投射阴影的自我的形状，才更为可行。置身于阳光普照的世界，阴影是必然的后果，却不是本体的核心，也不是伺机压倒我们的力量。

即使最好的存在也会投下阴影。在神话中，没有影子意味着属于另一个世界，不完全是人类，不在这个世界。阴影是我们必须与之共存的事物，它跟随我们左右，遮蔽阳光或他人的视线，但我们却不能以它为借口而不在场，不行动，或不以我们的存在影响他人；即使这影响有时真的会投下阴影或造成困难。我们也不能以此为借口对他人的担忧漠不关心。

与阴影共存，就是理解人类如何生活在光明与黑暗的交界，并走近那核心的困难：人生中没有光明、完美的可能性；而试图创造它往往不负责任，是成为例外，成为不必在场或参与的人，因此也不会造成伤害或受到伤害。不向他者投射阴影，就是抹去我们在世界上的存在所产生的物理后果。

阴影是我们这个实体美丽的反向，是对我们这个实体的确认。阴影是亲密的缺席，几乎是一种存在的模式。它是我们在世间所展现的特征的提示。阴影暗示着终极的脆弱。阴影是被别人找到，不仅通过实体，也通过曾经的行为，甚至包括我们带给别人的负面影响。阴影让缺席显现，它给我们及身边的人提示，通往那尚未被经验的部分自我——但他人已对它有所感知。阴影无所谓好或坏，它只是不可避免。

害羞

害羞宣告我们将要穿过那道门及所有艰难，

迎向另一个开始。

害羞是存在的走廊，是通向新的更深欲望的必经之路，是走向成熟的第一步，在这出乎意料的人生中。害羞源自那突然的意外与困难的深层，却又构成我们敬畏的基础。

害羞是那巨大的未知突然将被知晓的感觉，而且突然变得极其个人化。它找到我们，似乎我们知道该说什么，将自己置于何处，或在恋爱时该穿什么。

感到害羞是同时看向五个方向：新的生活在我们眼前召唤；撤退的阵势在我们身后排开；替代的可能

性是向左或向右逃跑；而在真正困难的窘境里，我们希望自己彻底消失。害羞，是成长之路上第一个必要的交叉路口。

当首次接近那必然的、压倒性的新事物时，害羞是常被低估与忽视的方式。没有害羞，过度自信会妨碍我们产生适度的困惑、窘迫与无助，而伴随它们而来的是启示的先声。没有害羞，我们就不能塑造成熟人格来获得启示。

视觉媒体（尤其是电视）告诉我们害羞是不必要的，因此破坏了我们对什么是真正探索的认识。同样，在社交媒体的虚拟旅行中，我们也很少遇到羞涩的美丽代表。然而，害羞通过弱点告诉我们，我们终于来到了那神秘存在的面前——我们所深深渴望的某物、某地或某人；尽管我们处于身体的深层无助里，还不知道该如何开始对话，拉近距离。

害羞是微妙而脆弱的边界，一边是我们认为可能的事物，一边是我们自认值得的事物。

没有害羞，理解新事物是不可能的。在新生活开始的阶段，完全的自信意味着我们被误导以及被深深地误解了，自以为知道将要发生什么，自己会成为谁。害羞是达至某种特定形式之美的邀约，通向那些既要练习又要培养的品质。害羞是我们的朋友，宣告我们将要穿过那道门及所有艰难，迎向另一个开始。

沉默

进入深深的沉默不等于静止……

沉默是可怕的。沉默不是静止，而是保留给自身的潮汐与季节性变化，预示着终结，是固有身份的墓园。真正的沉默让任何当下的理解变得可耻，让我们失去确定性，引领我们超越被充分了解和接受的现实，面对那未知、即将闯入我们生活的对话。

沉默不会终结怀疑，而是让它变得无关紧要。无论是相信或不相信，无论此前预演什么样的故事，都遇上了林中的风，来自繁忙港口的遥远鸣笛，或意中人困惑凝视的眼睛与侧耳倾听。

在沉默中，本质对我们讲述本质自身，要求单方面解除防卫；当防御分崩瓦解，我们的天性会渐渐浮现。当那繁忙的边界溶解，我们开始通过当下未知、脆弱的门径加入对话——它揭示了我们倾听的方式，别样的耳朵，更多元视角的眼睛，拒绝过早下结论的想象力，拥有这些的那人已不是当初进入静默的人。

从寂静中浮现的是世界纯粹的化身，似乎要求一种运动的、内在对称的呼吸和倾听，就像它自己的呼吸和倾听的最基本力量。

进入深深的沉默不等于静止，而是变得如同潮起潮落与季节更替，是带着自身特质的来来去去，就像一个未被完全讲述的故事，又如大海的背景，或雨水降落，或河水流到看不见的尽头，流出我们的生命。

以自身的方式运行，要求绝对的在场，绝对的放下，要求我们同时在瞬间与永恒、难以触及与全然的可能性，全然的在场与不在，自如地投入和放弃这些相反的因素间游刃有余，泰然处之。一个更勇敢、更慷慨、更专注于此地的身份，比急于寻找简单答案、不劳而获的身份更有意义。

慰藉

慰藉是直接看见和参与其中。

慰藉是提出漂亮问题的艺术，关于自我、世界以及彼此之间，特别是在艰难和不那么美丽的时刻。当心灵无法承受疼痛，当失去或痛苦最终袭向每一个生命与每一次努力，当渴望不能以我们认得的形式实现，当我们熟识与所爱的人消逝，当我们曾塑造的希望必须换一种形式，慰藉是我们必定寻求的东西。

慰藉是我们营造的宽敞、充满想象的家园，让失望的心在此复原，我们重新振作起来。当生活不再能增添什么，我们必须转向内心的那部分自我——它从来不想过一种简单计算的生活。

允许身体内在的天生的智慧显露出来，我们才能找到慰藉。我们内心的那部分自我知道它终有一死，必须如接受其他事物一般接受其离去。当心灵无法承受所闻所见，它引领我们去听头顶树枝间的鸟鸣。即使我们得知某个死亡的消息，那每一声鸟鸣都是清晨与哀悼，它依然代表生活之流在继续前行，设法承受乃至赞美那失去的生命——唯有当生命被带走时，我们才能看见与感激它。

得到慰藉就是受邀来到美之可怕的根基，我们那无可避免的消逝立于其上；就是抵达一个声音，它不会虚假地抚慰我们，而是触及我们痛苦的核心，阐明我们失去的本质，让我们从生与死的执迷中释放——它们拥有与生俱来的同等权利。

慰藉不是回避，不是对痛苦的疗愈，也不是一种虚构的精神状态。慰藉是直接看见和参与其中，是对美好到来与离去的庆祝；我们始终是出现与消失的一部分。慰藉不意味着有答案，而是一个邀请，邀请你穿过疼痛与艰难之门，到世间苦难且美好的深处——这深处是算计之心无从理解的世界。

寻找慰藉，就是学会问更激烈、尖锐的问题，那些能重新塑造我们的自我、身体以及与他人关系的问题，即使可能没有答案。

站在痛失之中而不被它压倒，我们将成为对他人慷慨、有用、富于同情甚至有趣的同伴。但慰藉也向我们提出直接有力的问题。首先，你如何承受那无可避免的失去？此后的多年中，你将如何承受关于它的记忆？最重要的是，这世界孕育了你，将你带到光明中，然后在你开始理解它的时候又将你带走，你怎样塑造一个和世界一样美丽、一样令人惊叹的生命？

触摸

人生在世就是与世界相遇和触碰。

触摸是我们渴望的东西，以这样或那样的形式，即便我们是通过独处，通过沉默，或感到需要走开来发现它：与某物或某人相逢、草轻轻扫过皮肤、吹拂的微风、另一个人的手的触碰，甚至先前我们不敢理解的想法初次触及心头。

无论我们触摸的是我们看到的，还是隐藏在面纱之下的神秘，我们生来就是为了不断相遇和交流。同时，要保持心灵和身体的协调，不管是实际上还是想象中，这都能使它反过来可被发现和触摸。

人生在世就是与世界相遇和触碰，通过爱的考验，通过疼痛，通过欢乐，通过我们穿过世界的简单的日常生活。世界以多种方式触摸我们，有些损伤身体，有些毁灭希望：通过自然灾难、心碎、疾病，通过死亡本身。在古代，神的触碰既被视为祝福，也被视为降祸。生活在这个世界意味着被世界发现，有时以我们不那么情愿的方式被触碰到本质。从小到大，我们活在自己的身体里，每个人都会发现自己被世界以不同的方式侵犯或伤害，但我们依然在这个可触可感的世界生活与呼吸，通过创伤，通过悲痛，通过修复，我们最终获得治愈，以对的方式再次被触摸，犹如一种双向互信的神圣邀请。

除了死亡本身，没有什么能阻止身体进入每一个崭新的当下，而在所有文化中，死亡都被视为一种终极形式的亲密相会。没有什么能阻止我们老去，阻止我们对光阴的见证，一再要求我们面对每一个不同的现在，可被触碰，可被发现，直面以血肉之身活在世上的残酷后果。

塑造一个不可触碰、无懈可击的自我，实际上是逃离这个世界，是软弱的；它是恐惧而非力量，也暴露了对恒常必要现实的奇怪误解，那就是：若不可被触碰，我们就不存在。

无条件

无条件地把自己献给有条件的爱，

献给每一次难以抗拒、令人困扰

且有意义的爱的形式。

无条件的爱并不全然可能，无条件的爱是必要的梦想——就像那永远不能真正抵达的终点。我们是生生死死的易朽造物，我们如何爱、爱什么，都基于我们在人生戏剧中的位置，以及生与死的季节交替。爱可能因其无条件的完美愿景和承诺而变得神圣高尚，但让爱在人世变得真实的东西，似乎是为达到此愿景所做的那些挣扎，而非实现它的可能性。对纯粹精神层面的无条件之爱的希望或宣言，常常是在间接地表达对豁免与安全的渴望——我们希望在关系、婚姻、养育子女或所爱的工作中，免受脆弱无力或剧烈疼痛的考验。

对无条件的爱的希望，是希望拥有一种不同于我们实际被给予的生活。爱是一种对话，在可能的、剧烈的失望与深切想象的实现之间进行；我们如何塑造这对话，是我们在这栖居的真实世界里是否拥有爱的能力的试金石。人类之爱的真正标志，甚至说奇迹，是一种无助，不可思议的是，这无助是我们有意或无意的选择。无论对孩子、对伴侣、对工作，爱都是一条我们必须克服重重困难的道路。

我们的爱之道路或旅程，总会经历美好的屈辱、失望和禁锢：或出于我们自己或他人的奇怪行为，或是仅仅受制于世界的四季更替——突如其来的存在的风雨会袭击安稳的生活，多次将我们分开。

无条件的爱是美丽而无法实现的希望，但若不通过这种完美愿望之镜的检视，我们便不能完全理解自身无助的本质。我们是无法在自己想要什么与别人想从我们这里得到什么之间做选择的造物，只有当我们处于这条变化的边界时，似乎才懂得爱的全部脆弱性。不管是否愿意，每一天我们都被邀请进入一个无比脆弱的人类世界，有时见到欢乐，更常见的是困难与无助；在我们所生活的这个有条件的世界中冒险，明白无论走哪条路都必然被心碎触及，遭遇那些打动我们的艰难和欢欣。唯一可能的路径是，无条件地把自己献给有条件的爱，献给每一次难以抗拒、令人困扰且有意义的爱的形式。

单恋

在千兜万转的人生路上，

我们能多贴近地了解谁、

持续地表达切合他们所需的爱呢？

单恋之爱是人类最常经历的爱。如果想完全有回报，也许就远离了爱本身的可能性。男男女女总是很难面对这样的事实：付出的爱向来跟得到的爱不相称。但没有回报的爱可能是爱最常见的形式，毕竟什么样的情感会与给出时一样或等量返还呢？每个男人或女人的爱都不同，每个人怀着不同的梦想与希望，在人生某个特定的门槛坠入爱河或被某人爱上，在接下来几年需要特定的爱法。别人能怎么样爱我们才是我们需要的爱呢？在千兜万转的人生路上，我们能多贴近地了解谁、持续地表达切合他们所需的爱呢?

有回报的爱可能发生，但它是暂时的美好、一时的祝福，是夜空几颗星星难得排成一列，这让人惊奇的赐福，需要很久之后才能收获一次。如果我们将之视为必然，感到只有如此自己才处于真正始终如一的爱情里，它将成为心灵与想象的负担。

无论是沉浸于浪漫爱情，还是爱邻人如爱自己，还是去爱伟大而遥远的神，我们的爱很少得到与付出等量的回报。起初，我们很少识别出回报的方式。如果人们因不能得到对等的回报而拒绝去爱，他们会生活在失望与自我封闭的禁锢中。它是婚姻的重负，是养育子女的核心困难，也是我们与能想象的一切鲜活未来之间的主要麻烦。重要的是，要放弃控制我们得到回报的方式，抛开那种自然浮现的失望——源自期待从伴侣、孩子或敬畏的神那里获得准确算计的报答。

我们似乎生在这样一个世界——爱往往只是单向

地存在于我们一方，除了某些美妙的例外时刻；而这可能是艰难的启示与礼物——把爱视为终极的付出与放手——通过做出那一切之中最困难的牺牲，放弃我们想永远握住的事物。

脆
弱

我们成熟的唯一选择
是如何面对自己的脆弱。

脆弱不是弱点，不是一种暂时的不适，或某个我们能通过安排避开的事物。脆弱不是一种选择。脆弱是我们自然状态中始终存在的、持续的潜流。逃避脆弱，就是逃避我们天生的本质。试图变得无懈可击，是徒劳地努力变成我们不是的事物，隔绝我们对他人伤痛的理解力。更严重的是，当我们拒绝脆弱，也拒绝了在生活的每个节点所需的帮助，停下我们自我中本来如潮汐般起落的必要对话。

感觉自己拥有君临万物的力量，是一种愉快的错觉，这也许是人类最原始、构造最精妙的自欺——尤其对年轻的人而言——但它也是年轻人终将放弃的特权，当健康不佳，当遭遇意外，当失去挚爱。而当我们最后一次呼吸时，这种特权也将被断然交还。

我们成熟的唯一选择是如何面对自己的脆弱，如何变得更强大勇敢，通过亲近消亡而变得更悲悯。我们可以选择栖居于脆弱中，如遗失之国慷慨的公民，强健、完全地生活；或者相反如守财奴与抱怨鬼，不情愿地、恐惧地过活，始终待在存在的门处，从不勇敢尝试进入，从不以身冒险，从不全然走过那道门。

撤退

我们撤退，不是为了消失，而是为了
发现另一块土地来瞭望和立足……

撤退可能是前进最好的方式，而如果做得好的话也是一种美好、自由的仁慈。在这个不断行动与参与的时代，它也是一种被低估的艺术。我们卷入了那么多事务，即使是最崇高的事业，也变成了繁忙的日常琐事，内在的核心对话迷失在对外部的回应中。撤退不是表面上的消失，不，从纠缠中撤退，意味着以一种更真实的方式重新出现，再次回应那最初的、基本的召唤。

虽然生活似乎注定是美丽迷人的分心之事——正

如我们也让别人分心，测试他们，就像测试我们自己及双方的真诚——我们加入这场分心之舞，而这也让我们回归重要基础、重要人物、重要工作的能力变得更为必要。

我们经常在错的事情上坚持，不是因为继续努力会有成果，而是因为放不下最初描绘的蓝图。试图把缠住我们的东西合理化，只会让我们陷得更深，这时我们最需要的是干净利落地断开。全然、猝然与有时决然地将自己剥离出来，常常是真实、激烈、勇敢地重获自由的方式。在我们所走的道路中有神秘的陷阱，冲我们而来，害我们深陷其中，这时如果我们抽身，就是开始摆脱假的敌人、假的朋友，甚至是我们制造出来的自我：我们因此得以开始领受那简单的纯净，从根本上重新清晰地看见自己和世界。我们撤退，不是为了消失，而是为了发现另一块土地来瞭望和立足，重新以别的方式发声：一种清晰、有活力、实实在在的声音。我们的人生突然变成一段有力的声明：它是我们自己的，来自绝对不愿撤退的我们。

图书在版编目（CIP）数据

慰藉之书 /(英) 大卫 · 惠特 (David Whyte) 著 ;
柒线译 . —上海 : 上海社会科学院出版社 , 2022

书名原文: CONSOLATIONS: THE SOLACE,
NOURISHMENT AND UNDERLYING MEANING OF EVERYDAY WORDS
ISBN 978-7-5520-3855-2

Ⅰ. ①慰… Ⅱ. ①大… ②柒… Ⅲ. ①心理学—通俗读物②人生哲学—通俗读物 Ⅳ. ① B84-49 ② B821-49

中国版本图书馆 CIP 数据核字（2022）第 008730 号

上海市版权局著作权合同登记号：图字09-2022-0021号

慰藉之书

著　　者: [英] 大卫 · 惠特 (David Whyte)
译　　者: 柒　线
责任编辑: 杜颖颖
特约编辑: 刘红霞
封面设计: 崔晓晋
出版发行: 上海社会科学院出版社
上海市顺昌路 622 号　　邮编 200025
电话总机 021-63315947　销售热线 021-53063735
http: //www. sassp.cn　E-mail: sassp@sassp.cn
印　　刷: 北京中科印刷有限公司
开　　本: 889 毫米 ×1194 毫米　1/32
印　　张: 7.5
字　　数: 80 千
版　　次: 2022 年 5 月第 1 版　2022 年 5 月第 1 次印刷

ISBN 978-7-5520-3855-2/B · 312　定价: 59.80 元